농사
연장

농사
연장

작은 농사와 시골 살림에 쓰이는

연장 이야기

상추쌈

차례

종류 _ 허리를 펴게 하는 것

　　　힘을 덜어 주는 것

　　　반쯤 자동화해서 시간을 줄이는 것

　　　손놀림이 정교해지도록 돕는 것

새로운 농부, 새로운 연장

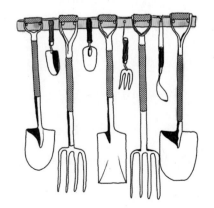

시골 살림을 시작한 지 열몇 해가 지났다. 처음부터 지금껏 어설픈 것은 여전한데, 새로운 일을 하고 그 일에 맞는 새로운 물건들을 사고 그러면서, 농사와 시골 살림에 필요한 연장 이야기를 정리해 두면 좋겠다 싶었다. 귀농하거나, 나이 들어서 농사일을 시작하거나, 그래서 농사일에 서툰 사람을 도와줄 만한 연장 같은 것들. 소개를 해야겠다 하고 떠오르는 연장 몇 가지는 도시에서 텃밭 농사를 짓거나, 작은 땅에서 손으로 일할 때도 요긴하게 쓰겠다 싶었다.

우리 집 농사는 크지 않아서 그저 우리 식구와 몇 집

이 나눌 정도가 된다. 논에서 쌀과 밀을 거두고, 밭에서는 집에서 늘 먹는 것 위주로 과일나무 몇 그루와 채소 농사를 조금씩 짓는다. 돈벌이가 적이 되는 것도 아니고, 전업으로 농사를 짓는 것도 아니다. 여전히 가장 오랜 시간 만지고 있는 것은 키보드와 마우스, 종이 같은 것들이다.

시골에 내려가야겠다고 마음먹었을 때 마음속으로 헤아려 본 것들은 집과 농사지을 땅과 이웃들, 풍경, 아이들이 나중에 다닐 학교, 이런 것이었다. 그런데, 농사일에 대해서는 거의 아무런 준비가 없었구나 싶다.

회사를 다니면서 몇 년 동안 도시 텃밭이니, 주말 농장 같은 것을 한다고 했지만, 논 다섯 마지기 앞에 처음 서서 일을 시작했을 때, 그건 아주 다른 일이었다. 일이 더 많고, 더 적고 하는 차이가 아니었다. 주말 농장이나 어쩌다 가끔 '체험 학습'하듯이 며칠 농사일을 거들던 때는 할 줄 안다고 여기던 낫질도, 다섯 마지기 논에서 때맞춰 하려면 다른 힘과 몸놀림이 필요했다. 어설프게 안다고 생각했던 것이 오히려 독이었나 싶은 생각도 들었다.

집에 대해서도 마찬가지였다. 지금 살고 있는 집은 1968년에 지어진 작은 세 칸 집이다. 처음 지을 때는 짚으로 지붕을 이은 초가집이었다. 흔히 말하는 초가삼간 집. 옆집 어르신이 마을 사람 여럿이 함께 지었다고, 뒷산에서 나무도 해 오고, 그렇게 지었다고 했다. 지금도 잠자는 방과 바깥을 나누는 것은 살을 엮어서 진흙을 친 얇은 흙벽 하나뿐이다. 아궁이와 구들이 있고, 나무를 때서 방바닥을 데운다. 말 그대로 '살아 있는 집'인 셈이다.

마음으로 그리던 집이었다. 하지만, 그때는 살아 있는 집을 건사하는 게 어떤 일인지 전혀 알지 못했다. 머릿속으로 미리 계산이 안 되던 일들이 하나씩 둘씩 느닷없이 나타났다. 마을 어른들이야 예사로이

마음으로 그리
하지만, 그때는
건사하는 게 어
알지 못했다.

던 집이었다.
살아 있는 집을
떤 일인지 전혀

여기는 일들이었겠지만, 숱한 일들이 하나하나 '예정에 없던 일'로 닥쳐왔다. 그런 일이 터질 때마다 끙끙대면서 겨우 쳐내듯 하고 있던 다른 일들도 엉망이 되곤 했다. 시골 일이라는 게 때를 맞추지 못하면, 몇 배로 불어나는 일이 많다. 집을 오래 비우는 것도, 집 때문에 어려운 일이 되었다.

농사일과 집을 돌보는 일을 하면서, 집안 곳곳에 연장이 쌓이기 시작했다. 새롭게 열린 쇼핑의 세계였다. 무슨 일이든 시작하려면 일단 뭐 살 거 없나부터 찾아보게 되었다. 몸 쓰는 일은 어려워하는 데다가, 허리도 안 좋고, 근력도 약했다. 그런 자신이 혹시나 조금이라도 일을 쉽게 할 수 있는 연장이 있을까 싶어서 인터넷을 뒤지는 일이 많아졌다. 그러면서 농사든, 시골 살림 일이든 쩔쩔매는 사람이 알아 두면 좋겠다 싶은 연장들 목록이 쌓였다. 내 딴에는 어렵게 찾아서 산 물건인데, 물건 사는 것도 즐겁지만은, 샀으면 남한테 자랑을 해야지. 그렇게 해서 누구 손에 꼭 맞춤한 연장이 쥐어지면, 그게 또 반가운 일이었다.

집에서 멀지 않은 곳에 구례장이 있다. 제법 큰 5일장이다. 철물점에서 새로 산 낫과 호미를 몇 번 쓰지 않았을 때, 구례장에 갔다가 대장간을 보았다. 망치로 시뻘겋게 달궈진 쇠를 두들기고 있었다. 눈앞에서 쇠붙이 연장이 꼴을 갖춰 갔다. 대장간 앞 평상에 나란히 늘어놓은 연장들은 철물점에서 파는 것보다 좀 더 투박하면서도 서슬이 굳세 보였다. 쇠붙이로 만드는 것이라면, 바라는 모양대로 만들어 줄 수도 있다 했다. 기웃거리고 있으니, 선호미라는 것도 보여 주었다. 기다란 나무 자루를 끼워서, 서서 쓰는 호미라 했다. 호미처럼 손에 착 달라붙지는 않지만, 허리 아픈 사람이 오래 일을 하기에 괜찮다고, 간간이 찾는 사람이 있다고 했다. 지금껏 선호미는 요긴하게 쓰는 연장이 되었다.

물론 여전히 호미, 낫, 괭이만으로도 충분한 사람들이 있다. 어려서부터 농사일을 익혀 온 사람들은 일흔이 넘은 나이여도, 그만한 연장만으로 해마다 훌륭하게 농사일을 해낸다. 하지만 나처럼 십 년이 넘어도 일이 손에 익지 않는 사람도 있다. 농사짓는 일은 이어져도 농사짓는 사람은 크게 바뀌는 셈이다.

젊은 사람은 도시에 있거나 도시로 가고, 농사짓는 사람은 더더 늙어 간다. 어쩌다가 새로 농사짓겠다고 하는 사람은 일에 서툴고, 연장을 다루는 것도 어설프다. 농사꾼 기력이 달리니까 그걸 메워 줄 연장들이 제법 나오고 있다. 연장을 찾아서 인터넷을 헤매고 있으면, 아무래도 형편이 비슷하고, 연장 만드는 것으로는 손꼽히는 일본의 연장들이 많이 보인다. 그 나라도 농사짓는 사람은 늙은 사람이 대부분이라고 하니까, 일이 조금 더디더라도, 힘을 적게 들이는 새로운 연장들이 만들어진다.

우리 나라에서도 '긁쟁이'니 '풀밀어'니 하는 연장을 스스로 만들어 알음으로 팔기도 한다. 적정기술이라는 이름으로 기술과 연장을 정리하고 소개하는 사람들도 있다. 덤으로 즐거운 것은 이런 연장들은 아이들이 쓰기에도 나쁘지 않은 것이 있어서, 논밭에서 아이와 함께 나가 일할 기회가 더 생기기도 한다.

얼마 전 농부로 사는 서정홍 시인이 귀농학교 강연을 하는 자리에 갔다. 하는 이야기가 쏙쏙 들어온다. 그 자리에 있던 사람들은 시골 살림을 시작하고 한 해 한 해 지날 때마다 무릎을 치며 되새기는 말이 될 것이다.

"저녁에 일찍 자야 돼요. 그러면 일찍 일어나고, 일어나서 몸 좀 풀어 주는 운동 하고. 그러고 나서 일 나가면 좋습니다. …… 할매들이 멀리서도 보고 압니다. '저래 일해가 한 시간이나 하겠나? 오래 못 해. 일을 다 하게끔 힘을 써야지. 몰아치지 말고.' 힘이 많이 드는 일은 30분 넘게, 한 시간 두 시간 달라붙어서 무리해서 일하지 마세요. 몸 써서 일하던 사람들 아니잖아요? 평생 농사지은 사람들도 힘 쓰는 일을 오래 붙들고 있지는 않아요. 처음에는 연장 잡고 힘을 쓸 줄 알기까지 잔 근육을 길러야 해요. 근육을 좀 길러야 일을 할 수 있어요."

일을 몸에 익히려면 힘이 있어야 하는데, 그걸 몸으

로 익히기까지 시간이 걸린다. 어떻게든 참고 일이 끝날 때까지 버티면 된다 하는 마음으로 일을 붙든다. 옆에서 일하는 어르신들을 보면, 어렵지 않아 보여서 그걸 못 하겠나 싶기도 하고. 그랬다가 논밭에 앉아 일을 하고 있으면, 나만 이렇게 힘든가 싶을 때가 많았다. 몇해 일을 해도 단련되지 않는 근육이 있고, 어떤 움직임들은 영영 익히기 어려운 것들도 있는 것 같다. 그러다가 어느 순간 몸이 일하는 것을 깨달으면 내가 일하는 요령이 생겼다는 걸 안다. 어느 날 갑자기 악기 소리가 제대로 나는 것처럼 말이다.

앞으로 적어 볼 연장들은 이렇게 일을 몸에 붙이는 것을 좀 더 쉬이 할 수 있게끔 돕는 것들이다. 늙거나, 힘이 모자라거나, 특히 아이들도 함께 쓸 수 있는 것이라면 꼭 썼다. 이런 연장들이 꼼꼼하게 만들어져서, 농사일이 너무 고되지는 않았으면 싶다. 큰 기계를 들이지 않고도 몇 마지기 농사 정도는 어렵지 않게 지을 수 있다면 시골 사는 일에 대해서도 조금 달리 생각할 수 있을 것이다.

* 소형 관리기, 미니 관리기라고도 한다.

쓰임 _ 땅 갈기, 두둑 만들기

장점 _ 기계 힘을 빌려 땅을 갈 수 있다.

　　　　 가벼워서 들 수 있다.

가격 _ 100~200만 원

초소형 경운기

랭이만큼 자주 쓰는 밭갈이 연장

마을 들머리에 뒷집 할머니가 가꾸시는 텃밭이 있다. 백 평이 조금 더 되는 밭. 취나물이 나고, 파꽃이 피고 지고, 한켠으로 아주까리가 서 있고, 토란이 한 줄 잎사귀를 펼치고, 상추와 깻잎과 감자와 무와 배추가 번갈아 자라는 밭. 밭머리에는 할머니의 손수레가 있고, 밭 어딘가에서 할머니는 호미 한 자루를 쥐고 엎드려 일하셨다.

각단지게 한 구석 놀리는 일 없이, 매무새가 단정한 밭. 대문을 나서면 늘 보이는 밭이어서 마음의 기준이 되는 밭이었다. 하지만 내가 직접 하기에는 넘사벽이고, 그저 날마다, 철이 바뀌는 것에 따라 밭 모양새도 얼마나 아름답게 바뀌는지, 지금껏 꾸준히 그걸 보면서 지내게 해 준 것만도 그저 고마울 따름이다.

처음에는 구경만 하는 것이어서, '참 좋다.' 이러기만 했는데, 밭을 마련하고 밭일을 시작하니까, 몇 가지 궁금한 것이 생겼다. 그중에 한동안 가장 유심히 보았던 것은, 할매가 호미 말고 다른 연장은 또 뭘 쓰시나 하는 것. 가끔 낫을 쓸 때가 있고, 대개는 호미 한 자루. 늘 호미 하나만 쥐고 백 평 밭을 돌보았다.

"(논에) 밀 갈았는가?" 시골말이 아직 익숙하지 않을 때, 몇 번이나 제대로 알아듣지 못하고, 무슨 소린가 했던 말 하나가 '갈다'라는 말이었다. 경운기나 트랙터로 땅을 파서 뒤집어엎을 때에도, 논에 밀을 뿌리고 흙을 덮어 주었을 때에도, 밭에 호미로 무언가 있던 것을 파내었을 때에도 '갈았다'라는 말을 쓰셨다. 그래서 흙을 가는 연장은 호미에서 시작해서 괭이, 쟁기, 초소형 경운기, 경운기를 지나 트랙터까지이다. 밭일을 하면서 가장 어려웠던 것이 밭을 가는 일이었다. 그런데 할머니는 그 작은 몸으로 오로지 호미 하나로 밭을 다 갈면서 일을 하셨던 거다.

해외 직구와 구매 대행의 시대를 살고 있으니, 덕분에 다른 나라의 농기구를 가끔 살펴보곤 하는데, 그럴 때 드는 생각은 우리나라는 정말 호미의 나라인가 하는 생각. 다른 나라에서 쓰는 단순한 농사 연장들은 낫이나 꼬챙이를 일에 맞게 조금씩 바꿔 나간 모양 같다. 우리 호미의 모양새는 그리 흔한 게 아니어서 놀라웠다. 손잡이와 날붙이를 잇는 휘어진 연결 부분은 호미에서만 볼 수 있다.

호미는 미국 아마존에서도 '호미Homi'라는 이름으로 팔린다. 여기 장터에서 몇천 원 하는 호미가 만 원도 넘는 값이다. 써 본 사람들은 다들 만족해하고, 손으로 다루는 대안 농기구로 이만한 게 없다는 평가도 많다. 어쨌거나 호미는 나한테는 뒷집 할매의 텃밭하고 뗄 수 없는 사이이고, 그 비슷한 흉내도 내기 어렵겠다 싶은 만큼, 농사 연장 이야기를 아무리 길게 쓴다 해도 호미 이야기는 넘보기 어려운 자리에 있다.

우리 집 농사도 할머니 텃밭처럼 집에서 먹는 것 위주로, 이것저것 조금씩 심어 가꾸는 터라 일년 내내 밭을 가는 일도 조금씩 자주 해야 했다. 호미질로 하는 것은 어림도 없는 일이고, 괭이질도 만만치 않았다. 한두 해 농업기술센터에서 소형 경운기를 빌려서 쓰다가, 다른 마땅한 것을 찾다가 아주 작은 경운기를 샀다. 흔히는 일본식 이름을 가져다가 관리기라고 하는 기계, 이번에 이야기하려고 하는 것이 이 초소형 경운기이다.

짐차에 이 초소형 경운기를 싣고 있으면, 지금도 이 기계가 무엇인지 묻는 어른들이 있다. 농사를 전업으로 하는 농사꾼한테는 대체 이것으로 일이 될까 싶은 너무 작은 기계이기 때문이다. 시골 농사꾼이 땅을 갈 때는 큰 것은 트랙터, 작은 것은 경운기, 경운기보다 조금 작고 가벼운 소형 경운기(관리기)까지는 꽤 쓰지만, 한 사람이 번쩍 들 수 있는 이 초소형 경운기는 쓰는 이가 거의 없다. 귀농인들이 정보를 나누는 까페에 가면 널리 알려진 기계지만. 요즘은 구할 수 있는 초소형 경운기도 아주 다양해져서 내가 쓰는 것보다 훨씬 더 작은 초소형 경운기도 있다. 그래서 밭농사 규모에 따라 적당한 크기를 골라서 쓰면 된다.

다만 기계가 작아서 어느 정도 골라진 땅이라야 쓸

수 있다. 밭에 돌이 좀 있다면, 돌을
먼저 골라낸 다음에야 쓸 수 있고,
풀이 많거나, 땅속 남은 뿌리가 길
어도 쓰기 어렵다. 호미나 괭이로
할 일을 기계 힘을 빌려서 수월하게
하는 셈이다. 밭을 조각조각 갈라
여러 작물을 심다 보면, 어디 한 구
석 몇 평, 몇십 평 정도만 갈아야 하
는 일이 종종 생기는데, 이럴 때 특
히 유용하게 쓰인다. 기계를 들어
서 옮길 수 있으니까. 게다가 기계
를 만들어 파는 회사에서 광고하는
것처럼, 힘이 약한 사람도 어렵지
않게 쓸 수 있다. 보통의 소형 경운
기는 쓰기 어려워하는 아내도 이 초
소형 경운기는 어렵지 않게 다룬다.
조작법도 간단해서 금세 사용법을
익힐 수도 있고.

　　밭농사라는 걸 처음 시작했을

일을 조금씩 알
뿌리고 거두는
가운데 꽃 피듯
의 일이라고 여

때, 농사일이란 머릿속에 씨뿌리기부터 거두는 것까지만 있었다. 그러던 게 일을 조금씩 알게 되면서 씨 뿌리고 거두는 것은 농사일 한가운데 꽃 피듯 벌어지는 잠깐의 일이라고 여기게 되었다. 거름을 마련하고 땅을 가는 것과 잡초가 없게끔 하는 것이야말로 농사일의 시작과 끝. 초소형 경운기를 마련하고 나서는 조금씩 땅을 가는 일이 한결 수월해졌다. 한 가지 작물을 몇 마지기씩 하는 농사라면 어울리지 않는 기계이겠지만, 그보다 작은 농사라면 딱 맞춤한 기계다.

수도권에서는 몇 군데뿐이기는 해도, 임대를 해서 쓸 수 있는 곳도 있다. 우리 집은 더 큰 농기계는 없어서 논에 밀을 갈 때에도 이걸 쓴다. 다섯 마지기쯤 되는 땅이라 초

게 되면서 씨
것은 농사일 한
벌어지는 잠깐
기게 되었다.

소형 경운기로 하면, 꼬박 이틀이 걸리지만, 트랙터를 빌리자면 꽤 돈이 드는 터라 이렇게 한다. 땅이 잘 골라져 있다면, 천 평 남짓한 땅도 어떻게든 해낼 수는 있는 것이다. 물론 쓰기 편하다고는 해도, 석유를 쓰는 동력기계라서 꺼내고 다시 넣고 하려면 손이 더 가는 게 있다. 집에 재봉틀이 있어도 손바느질로 하는 일이 있는 것처럼, 호미나 괭이가 더 가뿐한 것은 여전하다. 초소형 경운기는 엔진을 신경 써서 관리해야 하기도 하고, 부품이 하나 달아나거나, 고장이 나서 말을 안 듣는 날이면, 그걸 고치고 손을 보느라 훨씬 더 많은 시간을 쓰기도 한다. 기계값도 만만치 않다.

이렇게까지 작은 크기로 땅을 가는 기계를 만든 것은 농사일 하는 사람이 그만큼 일이 몸에 익지 않아서일 수도 있겠다. 일 하나하나마다 기계 도움을 받지 않으면 안 되는 것. 호미가 그것 한 자루로 온갖 일을 해내는 것에 견주면, 요즘 새로 나오는 연장들은 점점 한 가지 일만 처리하게끔 나온다. (그래서 연장 마련하는 데 돈도 더 많이 들고.) 얼치기 농사꾼의 연장 이야기가 몇 회나 이어 갈 수 있는 것도 이런 식으로 만드는 연장들이 있어서다.

어쨌거나 초소형 경운기를 들이고 나서, 오백 평 조금 넘는 밭농사는 이것저것 더 여러가지 작물을 심어 가꿀 수 있게 되었다. 때를 맞추는 것도 쉬워졌다. 땅을 조각보처럼 아주 작게 나누어서 심고, 갈고, 거둔다. 올해는 겨울날이 따뜻해서, 설날이 되기도 전에 밭을 한 번 갈았다. 대보름이 지나면 한동안 초소형 경운기도 바쁠 것이다. 밭을 가는 일이 어렵지 않아진 덕분에, 밭에서 나는 찬거리가 하나씩 더 늘고 있다.

쓰임 _ 거름을 낸다.

장점 _ 똥오줌을 쓰레기로 만들지 않고, 거름으로 낼 수 있다.

마련하기 _ 마당에 직접 지으면 좋다.

실내 화장실에 놓고 쓸 수 있는 제품도 나와 있다.

생태 뒷간

자연스럽게 거름을 내는 길, 뒷간

마당에는 뒷간이 있다. 누군가 시골에 와서 집을 짓
겠다고 한다면 그건 한 번쯤 더 생각해 보고, 남 하는 것
도 지켜보고, 그 다음에 해도 늦지 않다고, 주저앉히고
싶다. 하지만 마당에 뒷간이 없다면 그건 지으라고 권
하고 싶다. 몇 가지만 미리 잘 살펴서 지으면, 뒷간을 짓
는 것도, 그 다음에 거기에서 똥거름을 내는 것도 그리
어렵지 않게 할 수 있으니까. 어쨌거나 나처럼 아무 일
도 할 줄 모르는 사람이, 내려와서 처음으로 한 일이 뒷
간을 지은 것이었고, 10년 넘도록 별 탈 없이 잘 쓰고 있
다. 똥거름을 내어 가는 일도 어렵지 않고, 냄새도 별로

나지 않는다. 청소를 하는 것도 간단하다.

《똥 똥 귀한 똥》이라는 책이 있다. 그 책을 편집하면서 똥거름이 얼마나 쓸모가 있는 것인지, 거름 내서 쓰기에 좋은 뒷간은 어떻게 지은 것이 있는지 알았다. 그리고, 양변기를 쓰면 그게 어떻게 처리되는지 하는 것도 알 수 있었고. 그 일을 하고서는 그래, 할 수만 있으면 똥을 내다 버리지 않고, 거름으로 쓰는 삶을 살면 좋겠다 했던 것 같다. 다행히 그 후로 똥거름을 내는 뒷간을 여럿 볼 수 있었다.

뒷간을 지을 때 마음 썼던 것은, 어떻게 지어야 조금이라도 쉽게 똥오줌을 모으고, 거름을 낼 수 있을까 하는 것이었다. 집이 마을 한복판이라 뒷간에서 냄새가 나거나, 벌레가 꾫는 것도 안 될 일이고, 뒷간에서 꽤 시간을 끌기도 하니까 안에서 내다보는 풍경이 좀 그럴듯해 보이면 좋겠고. (지금은 내다 보이는 것은 별로 없게 짓는 게 좋지 않을까 싶다. 뒷간에 오래 있을수록 건강에는 안 좋다고 하니까, 그러니 후딱 들어갔다가 금세 나오는 걸로.) 이런 생각으로 뒷간 구조를 어찌할지, 따라 지을 만한 것이 어떤 것이 있는지 찾았다. 《똥 똥 귀한 똥》편집할 때에 보았던 자료도 다시 뒤져 보고, 가까이에서 몇몇 집을 찾아가서 보기도 했다. 인터넷에서도 '생태 뒷간' 하는 식으로 찾았다. 쓰기 좋게 지어진 것을 찾는 게 어렵지 않았다. 지금은 간단히 따라 지을 수 있는 자료들이 충분히 쌓여 있다.

그리고 덧붙여서, 뒷간을 따로 짓지 않고 도시에서 살면서도, 오줌 정도는 모아서 거름으로 내는 게 어렵지 않아졌다. 도시 텃밭 가꾸는 사람들 가운데에도 이미 이렇게 하시는 분들이 제법 있다. 언젠가 서정홍 선생님은 도시 텃밭 모임에 갔더니 다들 오줌통을 줄줄이 들고 나와 있는 것을 보았다는 이야기를 하신 적이 있다. 그 이야기를 듣고서 더 찾아 보니, 나만 모르고 있었다 싶을 만큼, 오줌 거름 모아서 어찌 하는 게 좋은지 적어 놓은 사람들이 많았다. 어차피 오줌은 거름으로 삭히려면 통에 받은 다음에 바람이 통하지 않게 뚜껑을 꽉 닫아 놓는 게 좋다. 한동안 어두운 곳에 두어서 색이 진해질수록 더 좋다. 그러니 삭히는 동안 냄새가 나거나, 벌레가 끓거나 하지 않으니, 아주 어려운 일은 아니다. 통을 마련하고, 자리를 마련하는 게 번거로운 일이

기는 하겠지만.

이게 제법 간단해진 것은 요즘 많이 쏟아지는 캠핑 용품도 한몫을 한다. 캠핑장에서 쓰이는 변기들이 적당히 똥오줌을 가리고, 재어 놓고, 옮기고 하는 데에 쓰기 좋게, 보기에도 멀쩡한 모양새로 나와 있다. 그래서 우리 집도 오줌통은 집 안에 있는 화장실에 놓여 있다. 요즘은 정화조와 양변기가 없이 집을 짓는 것은 안 되니까, 그것들이 다 집에 있기는 한데, 양변기 옆에 오줌통을 놓고 쓴다. 이렇게 쓰고 있으니 다른 집도 화장실에 오줌통을 따로 마련하는 게 어렵기는 해도 할 만하겠다 싶은 생각이 들었다.

우리 집 뒷간은 한 손으로 들 수 있을 만한 들통에 똥을 받는다. 뒷간 누는 자리가 조금 높아서 아래쪽에 공간이 있고, 여기에 통을 넉넉히 둔다. 하나가 차면 옆으로 옮겨 가면서 빈 통을 놓고, 그렇게 통이 어느 정도 차면, 그걸 들고 나가서 거름간에 붓는다. 거름을 내는 문도 따로 만들어서 무언가를 퍼 올리거나, 삽질을 한다거나 하는 일도 없다. 그저 왕겨가 수북이 쌓인 통을 여남은 개 꺼내어 옮기는 일 정도이다. 뒷간을 쓸 때에도 물을 내리는 대신 왕겨나 재를 충분히 뿌리기만 하면 된다. 아이들도 이 거름을 모아서 어떻게 하는지 다 안다. 자기가 왕겨 뿌리고 했던 걸 논밭에 내는 것도 보고, 거기서 나는 게 얼마나 맛있는지도 늘 먹으니까 잘 안다. 뒷간을 쓰고, 오줌통에 따로 오줌을 모으고 하는 일에 익숙하다. 다른 곳에 가서는 양변기를 쓰고, 집에서는 뒷간을 쓴다. 먹는 것은 즐겁고, 누는 것은 개운하다고.

뒷간 거름에 풀을 더하고, 부찌꺼기도 한데에는 산에 가서서 모아 온다.

귀농을 해서 농사를 지으면, 역시 벼농사가 쉬운 편에 든다. 일이 다 기계화가 되어 있는 까닭도 있지만, 경험이 없는 사람한테 더 중요한 것은 어느 마을이나 자기 지역에 맞는 벼농사 짓는 법을 아는 사람, 그걸 지금 하고 있는 사람이 있는가 아닌가이기 때문이다. 가까이에 사람이 있어야 보고 배우고, 궁금하면 때마다 쉽게 묻고 답을 들을 수 있다.

똥오줌으로 거름을 내는 것도 지금은 하지 않더라도 다들 해 왔던 일이다. 처음에는 동네 한복판에 뒷간을 짓는다고 파리라도 꼬이면 어쩌냐고 하시던 분들이, 똥거름이 나오는 걸 보시고는 어찌 하면 잘 삭혀서 하나라도 허투루 버려지는 게 없게 하는지 저마다 한마디씩 거들어 주셨다.

우리 집은 뒷간 거름에 풀거름, 재거름을 더하고, 부엌에서 나오는 찌꺼기도 한데 모은다. 겨울에는 산에 가서 부엽토를 긁어서 모아 온다. 거름으로 준비하는 것은 이 정도. 이렇게 거름을 마련하는 것은 지금 시골에 계신 어른들은 다들 젊을 때에 해 보셨던 것이라, 언제 풀을 베는 게 좋은지, 어느 골에 가면 좋은 부엽토가 쌓였는지 쉽게 들을 수 있었다. 게다가 요즘은 거의 아무도 이런 식으로 거름을 마련하는 집이 없어서 산에 가든, 개울가에 가든, 아주 가까이에 거름할 것이 잔뜩 있다. 농사가 아주 큰 게 아니라면, 이런 식으로 거름을 마련하는 게 어렵지 않은 셈이다.

《나무에게 배운다》와 야마오 산세이의 책을 번역한 최성현 선생님 댁에 간 적이 있다. 오랫동안 갈지 않았다는 그 댁의 밭 흙은 놀랍도록 촉촉하고 폭신했다. 밭 한 켠으로 울타리를 둘러친 거름 더미가 보였다. 보기에도 더없이 좋고 쓰기에도 편하겠다 싶었다. 아직은 그 모양대로는 못 하고 있지만, 마음에 두고 있으니 언젠가는 따라 할 수 있겠지.

똥오줌을 누는 걸 두고 '눈다'고도 하고, '싼다'고도 한다. 사전에는 '싼다'가 '눈다'의 속된 표현이라고만 되어 있다. 하지만 이오덕 선생님도, 한국글쓰기교육연구회 선생님들도 이 둘이 얼마나 다른가에 대해 여러 번 이야기하셨다. 김수업 선생님은 다스림의 차이라고 했다. 스스로 잘 다스려서 내보내는 것이 '누다'라면, '싸다'는 아이가 바지에 '싸' 버리는 것처럼 스스로 다스리지 못하는 것을 나타낸다는 것이다. 박문희 선생님도 싼다와 눈다를 나누어서 설명한 글을 쓰신 적이 있지.

뒷간을 지어 똥오줌을 모으고 거름으로 내면서 지내는 동안, 동네 할매들이 지나는 말로 '누다'와 '싸다'를 구분해 말하는 것을 들은 적이 있다. 그 전에도 들었겠지만, 거름을 내면서야 들리게 되었을 테지. 할매들 기준에는 다스림 말고 '쓰임'도 있는 것 같았다. 그래서 싸는 것은 '싸서 버리는' 쪽이라면, 누는 것은 '누어서 모아 놓는' 쪽. "옛날은 집이 멀어도 남의 집서 안 싸고, (거름하려고) 집에 와 (똥을) 눴어." 하는 식으로. 할매 말에 따르면 나는 시골에 와서 뒷간을 짓고서야 똥을 '누는' 삶을 살게 된 셈이다.

*파종기라고도 한다.

쓰임 _ 씨뿌리기

장점 _ 손으로 심는 것보다 몇 배나 빠르다.

　　　　허리를 굽히지 않고 심는다.

가격 _ 20~40만 원

씨뿌리개

허리를 숙이지 않고 콩 심기

논에는 밀싹이 새파랗다. 우리 집 논은 겨울에도 푸르다. 푸른 논을 보는 것이 그렇게 든든할 수가 없다. 심는 것은 토종밀, 흔히 앉은키밀(앉은뱅이밀)이라고 하는 것이다. 여름에는 벼, 겨울에는 밀. 덕분에 집 곳간에는 나락과 밀가루가 늘 재어져 있다.

밀씨를 뿌리는 것은 가을, 11월 초순 무렵이다. 밀은 그저 손으로 흩어 뿌린다. 지난 글에 적었던 조그만 초소형 경운기로 타작이 끝난 논을 간다. 그러면 아내가 손으로 씨를 뿌리고, 다시 초소형 경운기로 흙을 덮는다. 맨땅에 씨를 뿌리는 것으로는 가장 큰 일이라 꽤 시간이 걸린다.

　한번은 이웃이 하는 것을 어설프게 따라 하다가 씨가 아예 싹 트지 않은 적이 있다. 꼼꼼히 잘 묻고 했어야 는데, 곁눈질로 따라 하다가 일을 아주 잘못 해 버렸다. 그런 줄도 모르고 일주일, 보름 기다려도 싹이 나질 않아서 바짝바짝 속을 태우다가, 결국은 다른 곳에서 씨 앗을 얻어다가 다시 심었다. 한 번 그렇게 큰일을 겪고 나니 씨를 뿌릴 때마다 내심 걱정이 되기도 한다.

　대보름 지나고 땅이 다시 얼어붙을 일이 없겠다 싶으면, 땅 갈고 씨를 뿌리기 시작한다. 남쪽이라 모든 일이 더 이르다. 작은 초소형 경운기로 밭을 갈고 나면 곧바로 씨 뿌릴 것이 있다. 파종할 때도 가장 긴요한 것은 호미. 심어 먹는 것이 식구들 먹을 만큼 심는 게 많으니, 밭은 조각보처럼 나뉘어 있고, 한 가지 씨를 뿌리는 양도 얼마 되지 않는다. 이렇게 심는 것들은 괭이로 두둑만 어느 정도 해 놓고 나면, 호미 하나 들고 손으로 씨를 뿌린다. 호미로 씨 뿌릴 자리를 마련하고, 씨 심고, 손으로 흙 덮고 하는 식으로. 큰일은 아니어도, 씨를 뿌릴 때면 '시작이 반'이라는 말이 실감난다.

파종하는 연장, 씨뿌리개가 필요해지는 것은 한 가지 씨를 넓은 땅에 뿌리게 될 때이다. 일이 커지는 만큼 조금씩 더 큰 연장, 더 비싸고 복잡한 연장이 등장한다. 씨 뿌리는 것 말고도, 무슨 일이든 다 그런 것 같다. 조금 더 큰 연장이다가, 기계로 바뀌고, 다시 더 큰 기계로 말이다. 파종기도 아주 작은 것은 모종판에 씨를 하나씩 넣기 쉬우라고 마치 볼펜을 쥐고 딸깍거리듯 하면서 씨를 넣는 것에서 시작해서는, 끝없는 평원을 밭으로 쓰는 나라에 가면 백 미터 가까이 파종기를 이어 붙여서 그만한 폭을 한 번에 심어 나가는 것마저 있다.

처음 파종기를 알아보게 된 것은 콩 심을 때였다. 콩 심는 얘기 하면 다들 콩 세 알 이야기부터 꺼내서는, 한 알 두 알 다 나눠 준다고들 하는데, 나한테는 먼 얘기였다. 콩밭에 앉아서 그런 이야기를 떠올릴 여유가 있을 리가. 콩 심겠다고 콩밭에 엎드려 있으면 아무 생각 없이 남은 고랑이 아득할 뿐이었다. 쪼그리고 앉아서 일을 하고 있으면, 우선 허리가 아파 오고, 그 다음에는 분명 누군가가 허리가 덜 아프게 일할 수 있는 연장을 만들어 놓았으리라는 생각이 든다. 그 다음에는 인터넷

검색.

몇 가지 종류의 파종기가 화면에 나타났다. 그리 복잡할 거 같지는 않은 연장인데, 값은 수십 만 원. 농사 연장을 보고 있으면, 대량 생산하지 않는 기계값이란 얼마를 받을 수밖에 없는지 실감하게 된다. 다행스럽게도 농기계임대센터에 파종기가 있었다. 일단 빌려 써 보니, 이건 사야 했다. '앞으로도 콩 농사는 농사를 지을 수 있는 한 짓지 않을까. 그러니까 한시라도 일찍 사는 게 더 남는 거지.' 하는 식으로 이유를 갖다 붙여서는 파종기를 샀다.

이제 땅을 간 다음, 줄을 잘 맞출 수 있도록 표시를 하고는 파종기를 밀고 간다. 씨앗이 담긴 둥근 통이 굴러가면서 콩이 쿡 쿡 저절로 심겨진다. 간격도 잘 맞고, 줄도 똑바르고, 밀고 가기만 하면 콩 심고 흙 덮고 하는 것이 다 끝난다. 처음 썼을 때는 이렇게만 하면 정말 제대로 심어지나 싶어서, 한 줄 밀고, 콩이 잘 들었나 다시 들춰 보고 하는 짓을 여러 번 했다. 콩 심는 시간이며, 들이는 수고가 말할 수 없이 줄어들었다. 기술센터에서는 숙달된 사람은 하루에 이삼천 평도 심을 수 있다고 했다. 그만큼 잘할 리는 없지만 (그만한 땅이라도 있었으면 좋겠지만.) 당장 허리 아픈 것 걱정이 날아갔다.

내가 구입해서 쓰는 것은 둥근 씨앗 통이 그 자체로 바퀴가 되는 외바퀴 파종기인데, 비슷하게 생긴 것으로 바퀴가 두 개 달린 것도 있다. 이것은 직접 써 보지는 못했는데, 작은 씨앗을 심기에 더 좋다고 했다. 씨 뿌린 다음 솎아 주어야 할 만한 것들이라면, 이걸로 줄뿌림을 해서 적당한 간격으로 심기가 좋다고. 바퀴도 앞 뒤로 두 개가 달려 있으니 똑바로 밀고 가기도 쉽고, 씨앗 자리가 하나 하나 분명하지 않아도 되는 걸 심을 때는, 밭을 평평하게 잘만 고르면 거의 뛰다시피 하면서 파종기를 밀어도 된다고 했다. 우리

땅이 질어서도 말라서도 안 된 은 비가 언제 아 가면서 하는 를 쓸 때는 더

집에서야 그렇게 작은 씨앗들은 정말 심는 면적이 작아서 파종기까지 필요하지는 않았지만, 자기 집 농사 형편 따라 무척 요긴하게 쓰일 수도 있겠다.

바퀴 달린 것을 마련하면서 파종기도 제법 여러 가지가 있다는 것을 알게 되었다. 그러니 또 다른 연장을 기웃거린다. 바퀴가 달린 것은 굴려 가면서 심어야 한다. 바퀴를 굴리기 어렵거나 지그재그로 심어야 하거나, 아니면 바퀴 달린 것을 쓸 만큼 땅이 넓지 않으니 좀 더 싼 파종기를 찾거나, 이런 바람에 맞는 것으로 한 손에 들고 씨를 쿡쿡 찍듯이 심는 파종기가 있었다. 기다랗고 둥근 파이프 끝에 새 부리처럼 뾰족한 것을 달아 놓은 모양새다. 부리 모양으로 된 것을 밭에 쿡 찍으면 정해진 만큼 씨를 뱉는다. 큰 도장 찍듯 걸어가면서 하나씩 찍어 준다.

어느 핸가 참깨를 심을 준비를 하면서 이 파종기도 마련을 했다. 참깨 말고도 씨앗 크기에 맞춰서 나오는 구멍 크기를 조절하거나, 깊이도 조절할 수 있으니까, 여러 모로 쓰일 것 같았다. 이 파종기도 정말 마음에 들었다. 이것도 서서 일을 할 수 있어서 씨를 심는 일이 되다는 생각이 들지 않는다. 게다가 값도 몇만 원 하는 것이어서, 해마다 쓸 생각을 하면 그만한 값어치는 충분하다 싶었다. 이렇게 생긴 파종기는 우리나라에서는 한 회사 것이 아주 유명해서 다들 그 회사 것을 쓰는데, 이미 십 년 동안 별 고장 없이 쓴 사람도 있다고 했다.

동력을 쓰지 않는 파종기로 많이 쓰는 것이 이 두 가지이고, 어쩌다 이 둘을 모두 쓰고 있다. 복잡한 연장을 쓰는 것이니만큼 연장 꺼내서 준비하고, 다 쓴 다음에 다시 들여놓고 하는 번거로움은 있다. 씨앗 한 봉지, 호미 한 자루 챙겨서 나가는 것보다야 챙길 게 많지. 그거야 당연하다 싶은 것이고, 다만 호미 하나 들고 손으로 심을 때보다 더 살피게 되는 것이 있다. 흙에 물기가 적당해야 한다는 것. 땅이 질어서도 안 되고, 너무 말라서도 안 된다. 호미로 할 때도 씨 심는 것은 비가 언제 오는지 날을 받아 가면서 하는 일인데, 파종기를 쓸 때는 더 신경이 쓰인다. 흙이 너무 질거나 너무 마르면 씨를 심고 나서 흙이 잘 덮이지 않거나, 아니면 씨가 잘 나오지 않거나 하기 쉽기 때문이다. 흙이 파슬파슬해서 저절로 잘 굴러야 씨를 잘 덮는다.

작년 겨울에 심은 완두는 벌써 졸졸이 줄을 맞춰서 잘 올라왔다. 올해는 동부도 심고. 날이 따뜻해서 3월 들자마자 상추며 잎채소 씨도 뿌리고, 감자도 일찍 심었다. 밭에 다들 제자리를 찾아들었으니, 어서 싹 나라고, 날 맑기만 바라고 있다.

쓰임 _ 모종 심기

장점 _ 손으로 심는 것보다 빠르다.

허리를 굽히지 않고 심는다.

종이 포트를 쓰는 것도 있다.

모종 이식기

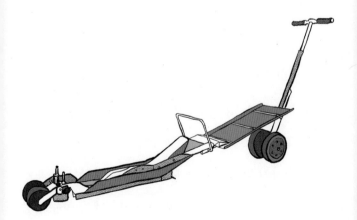

마당 꽃밭에 봄꽃이 피기 시작했다. 하얗고, 노랗고, 붉은 꽃이 피는 마당. 이사 온 지 십 년이 넘어서야, 마당에 꽃을 심고, 누가 봐도 꽃을 가꾸는 손길이 있구나 싶은 태가 조금 난다. 이게 다 둘째 아이 덕분이다. 아내와 나는 마당에 무엇을 심든, "이거 심으면 먹을 게 좀 나올라나." 하는 것을 주로 따졌는데, 아이는 꽃이 아름다운 것을 골라 심는다. 지난 가을 아이가 심은 알뿌리에서 뾰족하게 잎이 나고, 꽃대가 올라온다. 아이들은 학교에 가기 전에 마당을 보고, 얼마나 자랐는지 꼭 한마디씩 하고 문을 나선다. 마당 빈 자리에 무엇을 심을

지도 이미 자기들끼리 다 정해 두었다. 모종이 나오는 대로 장에 가자고 벼르고 있다.

연장 이야기를 써 보겠다고 했을 때, 몇 가지 마음에 둔 연장이 있었다. 논밭에서 직접 쓰다 보니, 이건 꼭 조금이라도 더 알리면 좋겠다 싶은 것이 몇 가지, 또 남들이 쓰는 것을 보거나, 인터넷 같은 곳에서 보고 저건 정말 써 보고 싶거나, 구할 수 있으면 좋겠다 싶었던 것이 몇 가지. 이번에 소개하려고 하는 모종 이식기는 써 보고 싶은 것 중에 하나였다. 우리나라에서는 구할 수가 없는 것이어서, 잡지에 농사 연장 글을 쓰고, 덕분에 조금이라도 더 소개가 되어 알려지면, 누군가 우리나라에 들여와서 그것을 사다가 써 볼 기회가 생기지나 않을까 하는 얄팍한 기대가 있었던 것이다. 아마도 농기구를 수입하는 사람이라면, 이미 다 알고 있는 것이겠지만, 그래도 혹시나.

오로지 인터넷에 기대어 알게 된 모종 이식기의 영어 이름은 'Paper pot transplanter'라고 한다. 이름 그대로 종이로 만든 모종 포트를 쓴다. 종이 포트는 벌집 모양이다. 기다란 직사각형 판에 안쪽 칸이 벌집 모양으로 생겼다. 이 종이 포트를 이식기에 맞춰 놓고, 한쪽 끝을 떼어 낸 다음 끌고 가면 모종이 심어진 포트 하나하나가 실타래 풀리듯 한 줄로 줄줄이 풀리면서 심긴다. 종이 포트 통째로 심는다. 모종들이 모두 이어져 있으니 간격도 일정하고, 당연히 줄도 잘 맞는다. 설명에는 종이가 스스로 썩어서 이렇게 심고 나면 따로 손이 가는 일이 없다고 한다. 채소를 거둘 때에는 종이가 남아 있지만, 그냥 밭에 버려둔다. 보기에는 좀 지저분한데, 그래도 이것을 쓰면 일회용 플라스틱 모종 포트를 쓰지 않아도 되고, 일손을 한참 덜어 준다. 기계는 싸다고는 할 수 없지만, 단순해서 별달리 고장이 날 것 같지도 않았다.

처음 동영상을 본 다음, 더 많은 자료를 찾아서 헤매기 시작. 그래도 여러 나라에서 쓰이는지 자료가 적지 않았다. 연장 이야기에서 소개하려는 다른 연장들이 일본에서 만든 것이 많았는데, 이것은 죄다 알파벳으로 쓰여진 자료들이라 구미에서 만든 줄로 알았다. 그러나 결론은 일본제. 연장 이야기에서 다루려고 하는 것들은 거의 석유를 쓰지 않고, 수동으로 움직이면서도 일이 힘든 것을 덜어 주는 도구, 거기에다가 자연에도 부담을 덜 지우는 농기구들이다. 그런 연장을 찾다 보면 일본의 연장을 더 알게 된다. 하긴, 석유를 쓰는 커다란 농기계들도 대개는 일본 것이다.

한참 종이 모종 이식기에 대해서 궁금해하고, 이것을 소개하는 글을 써야겠다 마음을 먹은 다음, 좀 더 자세한 자료를 찾다가, 직접 이것을 써 본 사람들이 적어 놓은 사용 후기를 보게 되었다. '해마다 이 회사의 비싼 종이 모종 포트를 써야만 한다.'거나 '밭에 굴러다니는 종이가 언제 썩어서 없어질지 모르겠다.' 혹은 '종이 포트에 갇힌 채소가 충분히 크게 자라지 못할 수 있다.'는 이야기들이었다. 확실히 종이 포트는 일회용 플라스틱 포트보다 꽤 비쌌다. 비싼 잉크 팔려고 프린트 싸게 파는 식으로 장사하는 회사인가? 어쩌지? 다른 연장 이야기를 할까?

그렇다고는 해도, 여전히 마음을 사로잡는 구석이 있는 연장임에 틀림없다. 어느 정도 규모가 되는 채소 농사를 하는 농부 한 사람은 나보다도 더 반가운 기색을 하고는, 일본에서 직접 사 가지고 오는 것까지 고민을 하고 있으니까. 사실 우리 집처럼 채소나 밭곡식을 심어 봤자, 한 가지 작물로는 백 평 안팎인 집에는 넘치는 연장이라고 할 수 있다. 그러면 기계 전부는 아니더라도 종이 포트만이라도 써서, 모종 낼 때 쓰는 그 일회용 플라스틱 포트라도 안 쓸 수 없나 싶었다. 바라는 마음이 있는 것은 이미 누군가 만들었을 텐데. 역시나, 플라스틱 포트 대신 쓸 수 있는 종이 포트도 일본제가 있었다. 몇 군데 다른 회사에서 만들었더라. 이것은 해외 배송을 받더라도, 그리 무겁지도 않고, 값도 싸니까, 당장 일본 것을 사다가 써 볼 수 있겠다 싶다. 우리나라에서도 누군가 만들어 주면 더없이 좋겠지만.

모종 이식기도 이앙기 비슷하게 생긴, 석유를 쓰는 기계가 있다. 농사가 많은 사람들은 이걸 쓴다. 꽤 복잡하고 많이 쓰이지는 않는 기계여서, 이앙기보다 더 비싸다. 흔히 농기계라고 하면 떠올리는 트랙터와 콤바인도 그렇고, 농기계는 비싸다. 논농사를 지어서 한 해 몇천만 원을 벌고, 그것으로 생계를 꾸려 가는 농민들은 대개 몇만 평쯤 농사를 짓는다. 그러자면 대여섯 가지 농기계는 필수인데, 이런 걸 다 마련하자면 억 단위로

돈이 든다. 시설 농사라든가, 그나마 돈을 벌 수 있다는 농사들은 거의 그렇다. 시작할 때에 돈이 많거나, 물려받았거나, 아니면 빚을 왕창 지든가 해야 농사로 어느 만큼 벌이를 할 수 있는 셈이다.

어떻게 보면, 농업이야말로 차근차근 벌어서 형편이 나아질 방도란 아예 없는 것 같다. 우리 집 농사라는 것도 그만한 규모가 되기에는 어림도 없는 것이니, 돈을 적게 쓰고, 다른 돈벌이가 주 수입원이 된다. 농사 규모가 작은 까닭에 그나마 이런 지면을 통해서 소개할 만한 농사 연장에 늘 관심을 두고 있는 것인지 모른다.

모종을 하나씩 넣어 가면서 손으로 심는 모종 이식기도 있다. 이것은 쉽게 구할 수 있다. 모종 이식기라고 검색하면 된다. 간단히 감자를 심거나, 모종을 하나씩 떨어뜨려서 심는 커다란 깔때기 모양으로 된 것도 있고, 앞선 글에서 적은 파종기와 비슷하게 생긴 것도 있다. 기다란 관 아래에 깔때기가 잇대어진 모양새다. 혼자 천천히 걸어가면서 허리를 숙이지 않고, 툭 툭 하는 식으로 모종을 심는다. 이것만으로도 몇백 평은 충분하다. 처음에는 쓰기가 쉽지 않았는데, 흙이 제대로 덮이지 않거나, 깔때기가 막히거나 그랬다. 밭에서 이걸 쓰는 다른 사람들은 잘만 하던데……. 물어보았더니, "때를 잘 맞차가 하믄 돼. 비 오든, 물 주든 흙이 물을 머금었다가 파슬파슬해지면 그때 심는다고. 그러면 감자 넣고 깔때기 빼면 저절로 흙이 삭 와가 덮이." 역시, 연장에 맞춰 쓰는 방법이 있더라.

4월 초인데도, 벌써 장에는 온갖 모종이 나온다. 여느 해보다 이르다. 아이들과 읍내 장에 나가서 모종을 사야겠다. 쌈 해 먹을 상추는 붉은 것, 푸른 것에다가 로메인이니 버터헤드라고 하는 것까지 종류마다 담고, 담장에 올릴 박이며, 오다가다 아이들이 따 먹을 토마토 같은 것들도. 모종집 가게 앞에는 까만 모판에 새촙게 싹 난 모종들이 놓여 있겠지.

쓰임 _ 작물이 곧게 자라도록 돕는다.

마련하기 _ '고춧대'라는 이름으로 판다.

대나무나, 나뭇가지로 만들어서 쓴다.

* 대를 박고, 뽑고, 연결하는 데에 쓰는 새로운 연장들이 자꾸 나온다.

버팀대

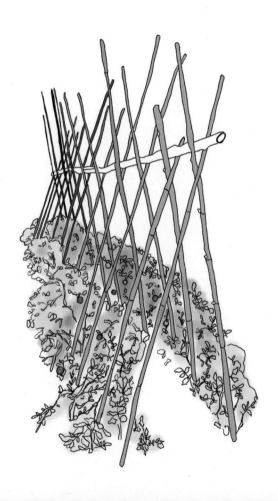

작물도, 나도, 꼿꼿이 세워 주는 버팀대

밭 앞자리에는 마늘과 양파가 크고 있다. 곧고 바르다. 다른 집 밭에 자라는 것보다는 조금 작지만, 비닐 없이 왕겨만 덮여 있는 밭에서 자라는 마늘과 양파는 더 단단해 보인다. 손에 쥐었을 때 동글동글하고 아주 단단한 느낌이 드는 양파, 한 쪽 한 쪽 껍질을 벗길 때마다 알싸하게 냄새가 퍼지는 마늘이 벌써부터 손 안에 들어와 있는 것 같다.

겨울을 난 마늘과 양파가 알을 채우는 동안, 밭에는 한 자리씩 새로운 모종들이 자리를 꿰고 앉았다. 고추, 오이, 가지, 호박, 토마토 따위. 처음 모종을 심었을 때는 하늘거리고 잎이 누레지기도 하던 것들이 뿌리를 내리고 잎이 짙어진다. 버팀대를 해 줄 때가 되었다. 아니, 더 늦어서는 안 되는 때라고 하는 게 정확하겠지. 버팀대를 먼저 하고 모종을 심는 밭도 있으니까.

밭을 처음 마련한 해에, 오이를 심은 다음, 뒷산에서 나무가지를 잘라다가 버팀대를 했다. 뾰족지붕을 세우듯 서로 기대어 묶은 버팀대. 키만 한 높이로 버팀대를 세웠더니, 밭에 오두막이라도 한 채 지은 기분이 들었다. 한여름이 되어 오이가 버팀대를 뒤덮으니, 더 그럴듯해 보였다. 얼치기로 농사도 짓고, 집도 지어서인지, 버팀대를 해서 오이나 박 같은 것이 그 모양대로 자라는 것을 보면, 자라기 좋게끔 세운 것이 맞는지 어떤지 불안하기는 해도, 내 덕분에 저렇게 자랐네 싶은 생각까지 든다. '아빠가 매어 놓은 새끼줄 따라' 피는 나팔꽃을 보는 기분도 이런 것이 아닐까 싶다.

완두콩도 버팀대를 한 적이 있다. 지금은 따로 하지 않고, 그저 제힘으로 자란 것에서 완두를 거둔다. 완두 종자도 버팀대를 세우지 않고 거둘 수 있게 하는 종자가 나와 있다. 그런 완두라도 버팀대를 해서 잡아 주는 것이 좋다고는 하는데, 두어 가지 방식으로 버팀대를 했지만 아직 맞춤하게 버텨 주는 것은 찾지 못했다. 벽처럼 버팀대를 세우고, 완두콩이 자라면 한 단 한 단 완두를 잡아 주는 방식이 미더워 보이지만, 그것도 해 봐야 알 테고.

그나마 완두 버팀대는 완두를 잘 붙들고 있을 정도면 된다. 태풍이 오기 전에 완두를 걷을 것이라 그렇다. 오이나 고추나 토마토처럼 태풍을 견뎌야 하는 것은 붙잡고 흔들어도 제법 힘을 받는다 싶을 만큼 튼튼해야 한다. 기둥도 깊게 박고, 줄도 야무지게 맨다. 이걸 얼마나 단단하게 해야 하는가는 해마다 경험이 쌓일수록 더 잘 알게 된다. 그래서 누군가는 해마다 조금씩 튼튼해지고, 누군가는 한 번 아주 단단하게 하고

대나무를 베어
쓴다. 몇 해 쓰
야 하지만, 버
이 필요한 것0
만큼 대밭에서

는 해마다 그대로 한다.

이미 튼튼한 구조물이 있다면 그걸 쓴다. 매실은 6월이면 다 따니까, 매실나무에 긴 작대기 하나 튼튼한 가지에 기대어 두고 오이를 심은 적이 있다. 오이는 여름내 매실나무를 타고 잘 자랐다. 매실나무 두 나무에 오이를 한 포기씩 심었다. 매실나무에 노란 오이꽃이 피었다. 그런데 오이는 괜찮아도 나무가 힘들어하는 것 같아서, 살아 있는 것에는 덩굴을 올리지 않기로 했다.

담장에는 박 넝쿨을 올린다. 두세 포기를 심으면 제법 긴 담장 이쪽 끝에서 저쪽 끝까지 박 넝쿨이 담장을 따라 자란다.

밭에서 버팀대로 많이는 쓰는 것은 쇠붙이로 만드는 공산품이다. 아연 고춧대라고 하는 것. 값에 견주어 쓰기 좋아서 가장 널리 쓰인다. 농사가 많은 집은 가지나 토마토나 총총히 버팀대를 세운다 싶은 것은 거의 이것을 쓴다. 시골에서는 비닐하우스를 철거하고 나오는 하우스 파이프를 구해다가 쓰는 경우도 많다. 고물상 같은 곳에 가면, 아예 지주대 할 만한 것은 늘 따로 모아 둔다.

우리 마을처럼 대밭이 흔한 곳은 적당한 대나무를 베어다가 버팀대로 쓴다. 몇 해 쓰면 새로 해 와야 하지만, 버팀대가 아주 많이 필요한 것이 아니면 그때그때 필요한 만큼 대밭에서 해다가 쓴다. 우리 집도 밭이나 마당이나 꽂아 둔 대가 꽤 있다. 대로 엮은 버팀대가 아무래도 보기에 좋다. 훤칠하게 높게 세우는 것도 마음 대로 할 수 있고. 그래서 늘 눈에 보이는 마당에는 대만 쓴다. 아연으로 만든 버팀대도 인터넷으로 살 수 있지만, 요즘은 대나무를 잘라 놓은 것마저 판다. 인터넷으로 찾을 때는 '지주'로 찾는 게 낫다. 한때는 나락논보다 비싸다는 대밭이었지만, 이제는 하나둘 대밭이 사라진다. 가까이에 있으면 온 집구석 여기저기 쓰임이 많은 것인데, 대나무 버팀대도 점점 보기 힘들어진다.

밭에서 버팀대를 가장 많이 해서 넓게 심는 것은 고추. 박아 넣어야 하는 버팀대도 많고, 줄을 묶는 것도 일이다. 가을하고 남은 고춧대를 정리할 때에도 버팀대를 뽑아내는 게 꽤 시간이 걸린다. 버팀대를 박아 넣을 때는 망치로 때려 넣었는데, 올해 연장 이야기를 쓰면서 새로 작은 연장을 마련했다. 이것 말고도 몇 가지 눈독 들였던 연장을, 원고 쓴다는 핑계로 사 들이는 것은 아니다. 하하. 사서 써 보니 정말 꼭 필요했던 것이 틀림없다!

연장 이름은 '빼바기'. 버팀대를 빼고 박을 때 쓰기 좋다고 붙인 이름이다. 이것은 아연 버팀대에 맞춰서 나온 물건인데, 버팀대를 걸 수 있는 홈이 있고, 그 옆에 발판이 있다. 홈에 버팀대를 걸고, 방향을 맞추어서 발판을 꾹 누르면 버팀대가 박힌다. 망치질은 한참 하다 보면, 손목도 아프고 나중에는 머리도 딩딩 울리는 느낌이 든다. 거기에 견주면, 이건 흙 속에 삽을 한 번 밟아 밀어 넣는 정도라 쿵쿵거리는 것을 견디지 않아도 되고, 힘도 덜 든다. 손으로 할 것을 발로 하니까. 버팀대를 홈에 걸 때 높이를 맞추기도 쉬워서, 일정한 높이로 박아 넣는 것도 어렵지 않게 할 수 있다. 게다가 값도 싼 편이다. 버팀대 박을 일이 많다면 두고두고 쓸 만하다. 빼는 것은 한참 이어서 해 보지는 않았는데, 몇 개해 본 정도로는 빼는 것도 잘 된다. 다만, 넣을 때나 뺄때나 홈에 버팀대를 걸 때, 연장과 버팀대의 각도를 잘맞춰야 한다. 잘 안 되면 돌려 가면서 하다 보면 맞춤한각도를 찾을 수 있다.

빼바기와 더불어서 마련한 것은 버팀대에 끼우는 고리 같은 것이다. 따로 이름이 없다. 인터넷으로 찾을 때는 '고추 지지대 클립' 하는 식으로 찾았다. 버팀대에 이고리를 끼우면 옷걸이처럼 양쪽으로 벌어진 고리가 고정된다. 줄을 맬 때 여기에 매는 것이다.

고추가 많이 자라면 버팀대를 양쪽에 하고 줄을 매서 고추를 버텨 줘야 하는데, 이 고리를 쓰면 줄을 매는것도 한결 간편하고, 버팀대도 처음부터 하나만 써도된다. 고리 높이를 조절할 수 있어서 고추가 자라는 것에 맞춰 줄 수도 있고. 일단 줄을 매는 것이 훨씬 간단해졌다. 이런 고리 같은 것을 쓰지 않고 버팀대 아래쪽에끈을 묶을 때는, 길고 단단한 관에 끈을 통과시켜서 묶어 주면 낫다. 관을 붙잡고 반대쪽 끝에서 나오는 끈을 조절하는 것이라 허리를 굽히지 않고 끈을 묶어 나갈 수 있다.

마당에 심은 박도 이제 담장으로 타고 가도록 버팀 대를 세우고 줄을 묶어야겠다. 모종을 심든, 버팀대를 하든, 모든 일이 다 먹는 것에 이어져 있다. 고마운 일이 다. 담장을 타고 박 넝쿨이 자라면 집 앞에 흰 박꽃이 핀 다. 저녁 어스름에 집으로 돌아올 때면 창문으로 보이 는 밝고 환한 빛처럼, 담장에 핀 박꽃도 환하다.

쓰임 _ 논 김매기

장점 _ 허리를 굽히지 않고 논 잡초를 맨다.

논흙을 뒤집어 준다.

가격 _ 20~40만 원

논 수동 제초기

물 댄 논에서 걷기

갈아 놓은 논, 물 댄 논, 모내기를 한 논. 논에 물이 담기기 시작하면, 그게 참 보기에 좋다. 시골 내려와서 살면서 좋은 것 하나는 문 열고 마주하는 풍경이 아름답다는 것. 그중에서도 내가 가장 좋아하는 것을 꼽으라면, 모내기를 하기 전에 찰랑하게 물을 댄 논이다.

처음 시골에 내려올 때, 논부터 샀다. 귀농 지침서에서는 권하지 않는 일이었지만, 연고가 있는 동네이니 괜찮겠지 싶었고, 다행스럽게 지금까지도 좋은 땅을 주셨다라고 여기고 있다. 벼가 심겨진 논을 산 터여서, 잔금을 치르자마자 논농사가 시작되었다. 그래 봤자 첫 해에는 콤바인 하는 아저씨에게 부탁을 해서 타작을 한 다음 밀씨를 뿌리는 것뿐이었지만. 이런 대목에서 그때 일들이 눈앞에 선하게 하나씩 떠올라 준다면 더 좋을 텐데, 기억나는 장면은 낡은 집 덜렁거리는 문이 달린 방 안에 쌀가마를 차곡차곡 쌓아 놓았던 것 정도다. 그 걸 하나씩 져 나르고는 한동안 끙끙 앓았다.

서울에서 살다가 내려왔으니, 지금 생각해 보면 구 태여 그럴 것까지는, 싶은 바람이 몇 가지 있었다. 그 가운데 농사에 관한 것이 여럿이었는데, 논농사에 대해서 할 줄 아는 건 하나 없으면서, 농약 안 쓰고 화학비료 안 쓰겠다는 원칙부터 세웠다. 지금껏 그래 오고는 있지 만, 처음 시작할 때는 아무래도 더 비장한 느낌이었달 까.

농사에 관해서라면 회사 다니면서 주말농장 조금 왔다 갔다 한 것뿐이었는데도, 모르면 용감할 수 있는 덕 분에 천 평 논을 앞에 두고 뭔가 더 '훌륭한 농사'를 짓겠다는 듯 그런 깃발부터 먼저 꽂았다. 그리고, 그 깃발 아래 논에는 온갖 풀들이 자라기 시작했다.

피는 말할 것도 없고, 〈물풀 도감〉에 나올 만한 잡초란 잡초는 하나씩 빠짐없이 나오는 것 같았다. 풀들에 치여서 자라는 벼를 구해 내기에는 내 손이 너무 느렸다. 일 좀 하려고 하면, 허리가 아프고. 날 더울 때는 새벽같이 일어나야 일이 되는 법인데, 여전히 깜깜한 밤이 깊어도 올빼미 짓을 하고 있으니 아침잠이 길고. 천평 논을 매면서 그래도 얼마큼 풀을 뽑았겠지 싶어 돌아보면, 등 뒤에서 잡초들이 따라오는 것 같았으니까.

그래도 다행인 것은 논에 들어가서 몸을 움직거리고 김을 매기 시작하면, 그 순간만큼은 더없이 기분이 좋았다. 막 일을 시작할 때는 몸도 가뿐하고, 머리도 맑고, 무논에서 한 발씩 움직일 때마다 별생각 없이 평화로운 기분이었다. 물 댄 논 보는 것을 좋아해서 그런가, 물을 만지면서 일하는 건 다른 것보다 나았다.

해마다 논김 매는 것을 제대로 하지 못해서 논에는 잡초가 벼를 잡아먹을 기세. 이걸 그나마 다잡게 된 것이 있으니, 벼 포기 사이를 밀고 가면서 김을 매는 논제초기였다. 농사 연장에 대해서 간단하게라도 소개하는 글을 써 보고 싶다는 생각이 들었던 것도 이 연장을 더 알리고 싶었기 때문이다. 논에 한 번이라도 들어가 골을 타면서 김을 매는 이라면, 가져다가 손에 쥐어 주고 써 보라고 하고 싶었다.

이 수동 논 제초기는 일제 강점기 이후부터 1980년 대까지는 우리 들녘에서도 흔히 쓰던 것이라고 했다. 하지만 지금은 어디에서도 보기 어려운 것이 되었다. 몇 년 전 〈봄이네 살림〉 블로그에 이 연장 쓰는 것을 올렸더니 누군가는 동네에서 '와룡'이라고 했다고 댓글을 달아 주었다. 《한국의 농기구》 책에는 그저 논제초기라고 적혀 있고.

이 연장을 찾기 전까지는 해마다 논바닥을 헤집으면서 김을 맬 때마다 뭔가 좀 더 효율적인 연장이 없을까 그 생각만 했다. 찾아보니 동력제초기라고 비슷한 원리로 굴러가는 엔진이 달린 농기계는 있더라. 다섯 마지기 우리 논 하나 하자고 그걸 살 수도 없고. 그러다가 일본의 농기구 사이트에서 번역기를 돌려 가면서 찾아낸 연장이 이것이었다. 당장에 배송 대행 업체를 통해서 주문을 했다. 생긴 것은 예전에 우리나라에서 쓰던 것과 거의 비슷했지만, 가볍고 튼튼한 알루미늄으로 만들었다. 매끈하고 아름답고 간결했다.

기다란 돌기가 있는 바퀴가 있고, 앞쪽은 파도를 타는 보드처럼 생겼다. 이걸 벼 포기 사이에 놓고 걸으면서 밀고 가면, 논물을 부드럽게 헤치고 나가면서 바퀴가 돈다. 그러면 바퀴에 삐죽하게 솟아 나온 돌기가 논바닥 흙을 궁글리면서 피와 잡초들을 논바닥에 파묻는다. 신세계였다. 서서 할 수 있다니.

들이는 시간이나 힘든 것이나 손으로 김을 매는 것에 견주면 너댓 배는 나아졌다. 손으로만 할 때는, 논 한 번 다 맬 때 즈음 처음 시작한 곳에는 이미 다시 풀이 돋아났는데, 이걸 쓰고는 그럴 일이 없었다. 논 전체가 풀이 없이 말끔한 순간이 생기다니. 논에서 김을 매고 났는데 허리도 안 아프고.

누구나 저마다 몸에는 약한 곳이

허리가 아프지
조금 더 오래
고, 그러니 진
간다. 쉴 시간
아름다운 선순

있다. 그래서 다른 쪽에 아무리 힘이 넘치고 있어도, 아픈 한 구석이 비명을 지르기 시작하면 그때부터는 온몸이 아픈 몸이 되는데, 책상에 오래 앉아서 지낸 사람일수록 그게 허리가 될 가능성이 높다. 농사일은 쪼그리거나 허리를 굽히고 해야 하는 일이 많으니 허리에 무리가 오기 쉽다. 그래서 요즘 새로 만들어 나오는 연장은 서서 일할 수 있도록 개량한 연장이 많다. 이 논제초기를 쓰면 똑같은 시간을 일해도 허리가 아프지 않았다. 한 번에 조금 더 오래 일할 수 있었고, 그러니 진도가 더 잘 나간다. 쉴 시간이 생긴다. 이 아름다운 선순환의 세계. 덕분에 우리 논이 이웃 논들하고도 뭔가 비슷한 태가 났다.

풀약(제초제)을 안 하고, 유기농

으로 농사를 짓는 논에는 종종 물이끼가 들어찰 때가 있다. 물이끼가 너무 끼면 모가 치여서 아무래도 안 좋은데, 아직 여기에 딱 맞는 방법이 무엇인지 나는 잘 모른다. 다른 유기농 농부들도 이것 때문에 어려워하는 것을 여러 번 보았다. 우리 논도 몇 해 이것 때문에 고생을 했는데, 물이끼가 끼기 시작할 즈음이라면, 이 연장을 들고 들어가서 논바닥을 마구 헤집고, 흙탕물을 일으킨다. 그러면 꽤 나아진다. 우렁이를 넣고 물을 깊게 대지 못해서 풀이 났을 때도 빛을 발한다. 촤르륵 촤르륵 골 사이로 연장을 밀면, 듬성듬성 나던 피는 싹 파묻히고, 어린 모들이 더 기운을 낸다.

어느 날 텔레비전 뉴스를 보다가 이 연장을 만났다. '북한이 대대적인 김매기 전투를 벌이는 현장'이라면서 소개하는 화면이었다. 그리고 캄보디아에서도, 말레이시아에서도, 베트남에서도 이 연장을 쓰고 있다는 걸 알았다. 일본이야 크기별로 아주 다양한 종류가 나와 있다. 유독 우리나라에서만 안 쓰는 것 같다. 북녘 농부는 이 연장을 쓰면서 "김이 아니라 흙을 매야 합니다. 그래야 산소 공급이 잘 돼서 뿌리 활성이 높아집니다.”라고 했다. 이 말도 중요한 얘기다. 옛말에 '김매기 한 번이 거름 한 번'이라고 했는데, 그러려면 김을 맬 때 논흙을 긁어 줘야 거름 넣는 것이나 마찬가지인 효과가 난다. 이 연장을 밀면 자연스럽게 논흙이 뒤집힌다. 풀도 논에 처박아서 거름이 되고, 논농사를 짓고 있고, 손으로 논김을 매는 일이 있다면 꼭 한 번 써 볼 만하다.

쓰임_ 밭 김매기

장점_ 허리를 굽히지 않고 어린 잡초를 맨다.

     흙을 헤쳐 준다.

가격_ 20~40만 원

밭 제초기

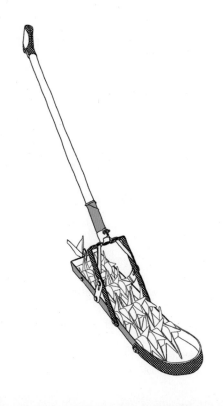

훌렁하게 어린 잡초를 매는 연장

비가 주룩주룩 오고, 장마 한가운데를 지나고 있어야 하는 때이지만, 날이 가물다. 큰산 그늘 아래에 있는 마을이라 물 걱정은 해 본 적이 없지만, 비 오고 볕 나고 하는 게 때맞춰 마침하지 않는다 싶으면 그만한 걱정이 없다. 점점 날씨 얘기 한마디 꺼내서 인사처럼 하는 일이 드물어진다. 지금도 어딘가에서는 혹독한 날씨를 겪고 있다.

농사라는 걸 시작하면서 가장 어렵고 힘들게 느꼈던 것은 김매는 일이었다. 때맞춰 잡초를 뽑는 일. 김매는 거 말고, 씨 뿌리고, 모종 심고, 가을에 거두고 하는 것은 일이 고되고 오래 걸리더라도, 뭔가 어떤 단계를 끝마쳤다거나 혹은 성과가 있다거나 하는 느낌을 받지만, 김매는 것은 도무지 그런 감격적인 순간을 느끼기 어려웠다. 특히나 밭에서 김매는 일은 쪼그리고 앉아서 해야 하는 일이라, 허리가 아픈 것도 금세 심각해진다. 한번 아프기 시작하면, 30분 버텼던 것이, 20분, 10분, 점점 더 얼마 못하고 일어났다 앉았다 하면서, 이러지도 저러지도 못 하고, 눈앞에 일은 안 줄고, 사래 긴 밭은 아득해지고, 슬슬 처음 예상했던 시간보다 더 늦어지기 일쑤였다.

옛말에 상농은 흙을 가꾸고, 중농은 작물을 가꾸고, 하농은 풀을 가꾼다는데, 김 매는 걸 제대로 못하니 금세 하농이라는 게 들통나서 논밭 이웃한테 어떻게 보일까, 그것도 걱정스러웠다. 풀을 제때 잡지 못하면, 그저 보기에 게으른 사람이 되는 것도 있지만, 풀이 자라서 씨가 퍼졌다가는 논 이웃, 밭 이웃한테 민폐가 되는 것인데, 처음에는 그저 남한테 폐 끼치는 일만큼은 없도록 해야겠다는 것도 꽤나 벅찰 때가 있었다.

김매기라는 게 청소하고, 설겆이하는 살림살이 같

다고 해야 할까. 지금 당장은 미뤄도 될 것 같지만, 한두 번 그러기 시작했다가는 걷잡을 수 없이 일이 커져서 결국 온 집이 엉망이 되고 마는 일. 그 일이 잘 마무리가 안 되면 덩달아 다른 일도 잘 안 되고, 기분도 안 좋고 그런 것. 제때에 놓치지 않고 해 놓으면 다른 일을 시작하는 것도 가뿐지게 할 수 있지만, 때를 놓치면 당장 그 순간부터 마음속 깊이 무거운 짐으로 쌓이기 시작하는 것. 그것이 어떤 눈에 보이는 결과물을 만들어 내는 것은 아니지만, 삶을 잘 굴러가게 하는 일. 그래서 풀을 잘 매어 놓은 논밭을 보면 농사일이 잘 굴러간다는 걸 금세 안다.

"공단같이 해 놓으믄 보기야 좋지. 그카다 새로 나는 풀이 등짝까지 쫓아온다고. 꼼꼼시럽게 하지 말고, 훌렁하게 해서 한 번 더 해. 그게 나아."

김매기야말로 손을 재게 놀릴 줄 알아야 했다. 적당히 할 줄도 알아야 하고.

'적당히' 이 말이 이 일만큼 어울리는 일이 있을까. 제 딴에는 제대로 해 보겠다고 뭐 하나 빠트리는 것 없이 하겠다며 달려들다가는, 훌렁하게 두 번 하는 사람보다 힘은 힘대로 들고, 일은 일대로 잘 되지 않는다고 했다. 밭고랑에 엎드려 끙끙대는 걸 보고는 이웃 어르신이 또 한마디 하신다.

"아이가 아이가, 풀한테는 몬 이기."

개량 농기구니, 적정 농기구니 하는 것들을 죽 훑어보면 풀 매는 연장이 절반은 넘어 보인다. 무언가 예전 것보다 더 나아졌다면서 강조하는 것은 보통 세 가지다. 힘이 덜 든다거나, 아니면 시간을 줄일 수 있다거나, 또 하나는 허리 펴고 일할 수 있다는 것. 여기에다가 저마다 소소하게 제 자랑을 하나씩 덧붙인다.

처음에 괭이와 호미 말고, 비슷하게 생겼지만 조금 더 일하기 편하게 만든 연장이 있다는 것을 알게 된 것도 이런 연장들이었다. '풀밀어', '긁쟁이', '딸깍이', '선호미'. 한 번만 들어도 어떤 농기구인지 알 수 있게 하려고 애써 지은 것이 분명한 이름의 연장들. 다행히 몇 가지는 어렵지 않게 장에 나가서도 구할 수 있는 것이어서 곧바로 마련해다가 쓸 수 있었다.

맨 처음 쓴 것은 선호미라고 부르는 것, 말 그대로 서서 쓰는 호미이다. 양귀 호미에 긴 자루를 달고, 서서 쓰기 좋도록 날을 맞춰 놓았다. 풀이 아주 어릴 때, 땅을 박박 긁듯이 하면서 썼다. 서서 할 수 있다는 것만으로도 좀 더 오래 일할 수 있게 도와준다. 선 자세로 어린 풀을 긁어 가면서 매는 것은 긁쟁이도 비슷하다. 긁쟁이보다는 선호미가 조금 더 무겁고, 그만큼 조금 더 큰 풀도 맬 수 있다. 긁쟁이도 단단하게 만든 것은 다르다고 하는데, 그건 듣기만 한 이야기라 정말 그런지는 모르겠다. 밭일을 조금 하다 보면, 연장 생긴 것만 보고도 나한테 맞을지 아닐지 어느 정도는 감이 온다. 아니, 최근에 들어서야 조금 그런 느낌이 드는 것도 같고.

선호미 다음으로 썼던 것은 이빨호미. 이것은 끝이 뾰족뾰족하다. 선호미 모양에 날이 큰 톱니처럼 되어 있다. 선호미가 땅을 긁거나 풀뿌리를 잘라 낸다면, 이건 푹푹 찍어서 캐내는 느낌이다. 괭이처럼 찍기도 하고, 끝이 날카로워서 긴 낫을 휘두르듯이 쓰면 잘 안 뽑히는 풀을 베어 버릴 수도 있다. 다치지 않게 조심해서 써야 하지만, 작물 사이 사이가 아니라 자리가 좀 넓은 곳을 맬 때는 그래도 종종 쓰게 되는 연장이다. 선호미는 풀이 어릴 때밖에 못 쓰지만, 이빨호미는 그것보다 더 크게 자란 풀도 맬 수 있고, 돌로 쌓은 축대 사이, 높은 곳에 뭐가 났을 때도 들고 가서 쓴다.

그렇게 서서 쓸 수 있게 개량된 김매기 연장을 찾다가, 결국 밭 김매기 연장도 값이 조금 나가는 것을 하나 들였다. 앞선 글에 썼던 논 제초기하고 비슷하게 생긴 것이다. 이것도 일본에 주문해서 받았다. 아래에는 배 모양 틀에 줄줄이 톱니바퀴가 늘어서 있고, 여기에 자루가 달려 있다. 자루 끝에 손잡이를 잡고 밭고랑 사이로 밀고 다니면 여러 톱니바퀴가 흙을 헤집으면서 풀을 맨다. 풀은 다 뒤집어져서 뿌리를 드러낸 채로 뽑히고, 흙도 톱니만큼 얕게 갈게 되어서, 밀어 놓으면 북을 주기도 한결 수월해진다.

이렇게 생긴 밭매는 연장이 비슷비슷하게 생긴 것이 몇 가지 있었는데, 거기서 싼 것을 골라서 샀다. 이것은 바퀴를 달고 있는 것이어서, 다른 개량 연장보다야 일이 쉬웠다. 붙잡고 굴리면 되니까. 하지만 이 연장은 생긴 것부터 복잡하다. 연장이란 복잡해지고, 부속이 많아지고 그럴수록 일에 제약도 커진다. 고랑에 난 풀이 너무 자라도 안 되고, 땅이 질어도 안 된다. 돌이 많아도 어렵고. 그러니까 이 연장을 쓰자면, 씨를 뿌리기 전에 흙을 잘 골라 두어야 한다. 그래서 여러 조건들이 일하기 좋게 갖춰지면 그야말로 일거리 하나를 공으로 더는 기분이 든다.

그래도 밭맬 때 가장 많이 손에 드는 것은 역시 호미. 앉아서 흙을 만질 때는 호미를 쓰고, 서서 흙을 다룰 때는 괭이를 쓴다. 특별한 연장은 특별하게 준비를 했을 때나 손이 간다. 호미, 낫, 괭이는 어지간하면 늘 들고 다니는 것이고, 점점 이 연장 말고 다른 것을 구해야겠다는 생각이 줄어든다. 논밭이 워낙 작아서일 수도 있지만, 특별한 연장이라는 건, 그만큼 쓸 수 있는 때와 장소가 정해져 있기 때문일 것이다.

이 무렵에는 비 한 번에 어디든 풀숲이 된다. 마른 장마인 덕에 풀은 적게 나고 있지만, 그래도 비가 와야지. 비 오고 자란 풀밭에서 풀한테 이길 수는 없더라도, 적당히 일할 줄 알게 되면 좋을 텐데.

* 예초기라고도 한다.

쓰임 _ 풀 베기

장점 _ 낫으로 베는 것보다 빠르고 많이 벤다.

         제초제를 쓰지 않고, 풀밭을 관리할 수 있다.

가격 _ 20~60만 원

예취기

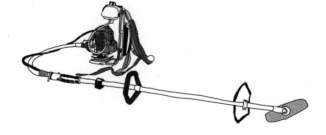

논둑과 풀밭을 깎는 일

농사에 쓰는 작은 연장 이야기라고 했는데, 이번에 다루는 것은 석유를 쓰는 것이다. 풀을 벨 때 쓰는 예취기.(흔히 예초기라고 더 많이 한다.) 등에 엔진을 매고 막대기 끝에 달린 회전 칼날을 휘두르면서 닥치는 대로 모두 잘라 내는 기계. 연장 이야기로 다루려고 한 목록을 훑어보았더니 석유를 쓰는 건 초소형 경운기와 예취기 이렇게 두 가지이고, 전기를 쓰는 것도 한두 가지가 있다. 그리고 목록을 보면서 또 하나 눈에 뜨인 것은 1/3은 훌쩍 넘게 일본제 물건에 대해서 쓰고 있다는 것. 내가 쓰고 있는 예취기도 일본제다.

농기계도 일본제 물건을 쓰지 않으면 좋겠지만, 그러기란 정말 어렵다. 지난 10년 사이 돌아다니면서 볼 때의 느낌은 점점 일본제 농기계가 더 많이 보인다는 것. 트랙터, 콤바인, 이앙기 같은 주요 농기계는 일본제가 1/3이 넘는다고 한다. 대리점도 늘었다.

"국산 썼다가 다시 온다고. 저기 간척지에서 기계 쓰는 사람들이 큰 거를 쓰는데, 자꾸 녹이 나고 고장이 나니까, 일본제를 찾아. 내가 일본 물건 팔아서 그러는 게 아니라, 아직은 차이가 있어."

일본 물건 쓰지 말자는 이야기가 한참 나오지만, 농기계와 관련해서는 별 얘기가 안 나오는 건 쓰는 이들이 만듦새에 큰 차이가 있다고 느껴서 그렇다. 그리고 우리나라 제품이라고 하는 농기계도 엔진 같은 것은 절반 이상이 일본제를 쓴다. 일본에서 수입하는 기계 가운데 농기계가 1등으로 수입산 비율이 가장 높고, 책 만드는 제지·인쇄기계는 세 번째로 높다니, 책 펴내고 농사짓는 나는, 일을 하면서 일본 제품에 많이 기대고 있는 셈이다. 거기에다가 쓸 만한 손 연장을 찾을 때도 일본 인터넷을 뒤지는 형편이니까. 대만이나 호주 같은 나라는 이제는 자기 나라에서 농기계를 만들지 않는다고 한다. 불과 얼마 전까지만 해도 자국에 농기계 회사가 있었지만, 다른 나라와 경쟁하면서 이제는 회사 문을 닫았다고. 우리나라 농기계 업계에 있는 사람들은 그렇게 되지 않기 위해서 애쓰고 있다고는 하지만, 사정이 좋지는 않다.

다시 예취기 얘기로 돌아와서, 예취기는 정말 쓰고 싶지 않았다. 무서웠으니까. 농사일과 집 고치는 일을 하면서 처음으로 만지게 된 공구들이 수두룩했는데, 피하고 싶었던 것 두 가지가 예취기와 엔진 톱이었다.

둘 다 엔진을 몸에 붙이고 일한다. 엔진 소리, 매캐한 냄새, 몸에 오는 진동, 어느 순간에라도 다칠 것만 같은 불안감.(원래도 걱정이 많은데) 등짝에 우와앙거리는 엔진을 매고, 발끝 앞에서 칼날이 무시무시하게 돌아가는 예취기는 남이 하는 걸 봐도 무서웠다. 길가에서 잡초를 베는 사람을 마주치면, 반대쪽으로 멀찍이 돌아가곤 한다. 그리고 실제로도 잘 알고 지내던 사람들이 종종 예취기에 다쳐서는 깁스를 하거나, 입원을 하거나 그랬다.

그래서 한동안 예취기 없이 지냈다. 논둑을 베거나, 어지간히 풀을 벨 일이 있어도 낫으로만 했다. 하지만, 풀을 이길 수는 없는 법. 논둑에 엎드려 기다시피 하면서 한두 해 낫질을 한 다음에 결국은 예취기를 하나 사고, 그걸로 풀을 베기 시작했다.

예취기는 무덤 벌초를 할 때도 많이 쓰여서, 농사를 짓지 않는 사람도 꽤 사서 쓴다. 그렇게 어쩌다가 한 번씩 쓰는 사람일수록 다치기 쉽다. 풀 밑에 뭐가 있는지 몰라서 다치고, 일을 하다가 힘에 부쳐서 쉬어야 하는 때라는 걸 잘 몰라서도 다친다. 그러니 일년에 한두 번 쓰겠다고 사는 거라면 말리고 싶다. 예취기를 자주 쓰고, 늘 같은 땅에서 일하는 사람은 어디에 돌이 튀어나와 있는지, 땅바닥이 움푹 팬 자리가 어디인지 하는 것을 다 알고서 일을 한다. 그렇게 자리를 잘 알고 있어도, 나는 예취기 날이 돌기 시작하면 저절로 온몸에 힘이 들어가고 조심하게 된다. 모르는 땅에서 일을 할 때는 더듬듯이 하고.

예취기에 다쳤다는 이야기는 해마다 심심치않게 듣는 것인 만큼, 예취기를 안전하게 쓸 수 있다고 광고하는 칼날은 십수 가지가 나오고, 심지어 홈쇼핑으로 파는 것도 여럿이다. 그래서 처음에는 안전하게 쓸 수 있다는 여러 가지 날을 찾아보았다. 요즘은 그나마 유튜브에서 동영상을 보면, 저 물건이 어떻겠다 싶은 걸 대강은 알 수 있겠는데, 10년 전만 해도, 그런 걸 가늠할 만한 자료라는 게 별로 없었다. 그렇다고 저걸 하나씩다 사서 써 볼 수도 없고, 다른 귀농인들을 붙잡고 뭐 괜찮은 물건 없냐고 물어 가면서, 고르고 골라 몇 종류의 안전날을 샀지만, 이거면 충분하다 싶은 것은 찾지 못했다. 안전하기는 한데, 일하기에는 불편한 것이 대부분이었다. 줄날이라고 해서 나일론 줄을 끼워서 쓰는 것도 많이 쓰인다. 하지만 이것은 조금 단단한 풀이나 작은 나뭇가지가 있는 곳에서는 더 쓰기 어려웠다.

결국은 가장 흔히 쓰이는 날을 끼워서 쓴다. 2도날이라고 해서 마름모꼴로 생긴 쇠 날이다. 대신, 보호 장구를 조금 더 챙긴다. 마을에는 할매 혼자 사는 집이 아니라면, 어느 집에나 예취기가 있다. 거의가 사각날이라고 하는 무지막지하게 크고 네모난 날을 달아 쓴다. 확실히 잘 베어지고, 날이 커서 일도 금방 되지만, 예취기 날이 부러지거나, 끝이 튕겨 나가면서 사람이 다쳤다고 할 때는 이 날일 경우가 많다. 거기에 견주면 안전 인증을 받은 2도날 규격품은 날이 뭉개지기는 해도 쉽게 부러지지 않는다.

평소에는 거의 풀 베는 용도로만 쓰지만, 예취기는 농사꾼이 메고 다닐 수 있는 작은 엔진이다. 긴 자루 끝이 돌아가는. 그래서 여기에 칼날 말고 다른 걸 끼워서 여러 가지 다른 용도로도 쓸 수 있게 하는 제품들이 있다. 조금씩 밭을 갈 수 있는 경운날, 나뭇가지를 자를 수 있는 전정기나 체인 톱, 물 댄 논에서 김을 매는 제초기, 콩이나 옥수수 같은 것을 벨 때 쓰는 콩 수확기, 물을 끌어 올리는 수중 펌프, 은행이나 대추를 흔들어 따는 열매 수확기. 큰돈을 들이지 않고, 제법 요긴하게 쓸 수 있을 것 같은 물건들이 여럿 있다.

이 가운데 콩 수확기와 비슷하게 생긴 것을 구해서, 밀을 벨 때 쓴 적이 있다. 밀을 베는 건 초여름인데, 밀베고 곧바로 모내기를 해야 하니까, 이때가 논농사가 가장 바쁘다. 그런데 사정이 생겨서 밀 한 도가리를 손으로 베야 했다. 콤바인으로 하면 한 시간도 채 걸리지 않을 일이지만, 낫 들고 베자면 얼마나 걸릴지.

시골 내려와서 두 해째였나. 농사를 잘 몰랐으니, 그해 가을에는 벼가 아주 키가 작았다. 그래서 콤바인으로 베지 못하고 다 손으로 베야 했다. 그때 일이 다시 또렷이 떠오르고, 어떻게든 조금 더 편한 방법이 없을까 찾다가, 예취기에 달아서 쓰는 수확기를 알게 되었다. 결과는 대실패였다. 제품 설명에는 밀이나 벼도 된다고 했지만, 예취기 날을 세 번 휘두르자 곧바로 감이 왔다. 자, 얼른 낫을 들자.

요즘은 예취기도 종류가 아주 많아졌다. 엔진도 여러 종류이고, 충전식으로 쓰는 것도 있고, 안전날이라고 하는 것도 많고. 가볍고 크게 다칠 일 없을 것 같은 예취기들이 나와 있지만, 풀 벨 일이 있으면 낫을 충분히 써 보는 게 좋겠다. 재봉틀을 배우기 전에, 바느질을 익혀 두는 것과 같은 느낌이랄까. 재봉틀이 있다고 해서, 바늘을 안 쓰는 건 아니니까.

논에 가는 길, 풀이 무성한 논밭이 하나둘 는다. 그게 아니면 예취기로 꼼꼼하게 다듬어져 있던 논둑에 제초제가 뿌려지고 부시부시 풀들이 말라 가든가. 예취기는 그래도 큰 힘이 들지 않는 것이라, 논 이웃 어느 자리가 예취기질이 안 되기 시작하면, 논 주인이 부쩍 기운이 없어졌나 하는 마음부터 든다. 그래도 아직은 거의 날마다 마을 어딘가에서 나는 예취기 소리를 들어서 다행이지만.

쓰임 _ 쌀 정미
장점 _ 때맞춰 쌀을 찧어 먹을 수 있다.
가격 _ 80~120만 원

가정용 정미기

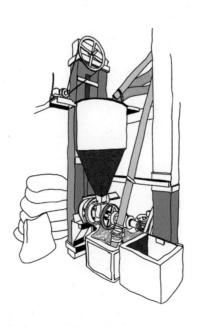

마을의 연장, 방앗간

집 앞 개울 건너에 방앗간이 있었다. 늦은 가을, 타작이 시작되면 온 동네 경운기와 짐차들이 들락거리느라 왁자하던 곳. 수레에 나락 가마를 싣고 오거나, 또 한두 사람 지게를 지고 오는 이마저 있던 곳. 방앗간 앞마당에는 나락 가마니가 처마에 닿을 듯 쌓였다. 어느 시골에서든 농사짓는 사람들이 농사일로 왁자하게 모이는 일이 거의 없는 때에, 해마다 타작 무렵 방앗간만이 온 마을 농사꾼을 불러들였다. 그래서 한 해를 묵혔던 소식들도, 결국은 방앗간에 모였다가 마을 여기저기로 실려 나갔다. 요양원으로 간 누군가의 다음 소식부터,

어느 마을 누가 새로 심은 작물이 할 만하더라는 이야기, 요즘 통 눈에 띄지 않는 누구 이야기, 매상하는 값이 올해 얼마다 하는 것까지. 오랫만에 얼굴을 본 사람들이 쟁여 두었던 이야기들을, 착착착착 부와아아앙거리며 돌아가는 방아 앞에서 큰 소리로 떠들었다.

하루하루 저녁 해가 점점 빨리 저무는 때, 날이 어두워지면 개울가 방앗간은 여기저기 알전구를 켜 놓고 쌀을 찧었다. 그래서 그 무렵, 어쩌다 늦게 집으로 돌아오는 날에는 멀리서부터 방앗간 불빛을 보고, 우리 마을인 줄 알았다. 쉬지 않고 낡은 방아가 돌아가고, 한쪽으로는 갓 찧은 쌀자루가 쌓여 간다. 다음 날, 짐차에 실으려고 쌀자루를 안아 올리면 그때까지도 따뜻한 기운이 남아 있던 것, 햅쌀 냄새. 쌀자루를 싣고, 뒷간 거름 낼 때에 버무려 쓸 왕겨를 담고, 닭 모이에 섞어 줄 등겨도 챙겨 오곤 했다.

그랬던 것이 몇 해 전 방앗간이 헐렸다. 마을 앞길을 넓히는 공사를 한다고 했고, 길 넓히는 자리에 방앗간 터가 들어갔다. 오래되고 낡은 방앗간은 옮길 엄두를 내지 못했다.

우리 마을, 헐린 방앗간은 밀가루도 빻고, 보리 방아도 있는 집이었다. 나중에야 안 것은 밀 방아, 보리 방아까지 있는 작은 마을 방앗간은 전국을 뒤져야 손에 꼽을 만큼이라는 것. 그래서 벼를 타작하는 가을 말고도, 밀과 보리를 베는 초여름에도 방앗간이 북적였다.

우리 마을에는 오랫동안 마을 어른들이 빨간밀이라고 부르는 토종밀 농사도 이어져 왔다. 토종밀 농사지은 것으로 밀가루를 빻는 풍경은 온 나라를 통틀어서도 보기 힘든 풍경이었을 테지만, 처음 내려왔을 때만 해도 남쪽 지방 이모작 농사를 짓는 마을은 다 그런 줄로 알았다.

방앗간이 사라지자 마을의 토종밀 농사는 눈에 띄게 줄어들었다. 방앗간이 있을 때는 밀을 방앗간에

짐차에 실으려아 올리면 그때기운이 남아 있새.

팔 수도 있어서, 힘 닿는 만큼 밀 농사를 짓던 사람들이, 방앗간이 사라진 다음에는 가루를 내기도, 내다 팔기도 어려워졌다. 토종밀 짓는 집이 몇 집이나 남아 있을까 싶다.

그나마 당장은 차로 한 시간쯤 가는 거리에 비슷한 방앗간이 있어서, 이제는 그곳에서 밀가루를 빻아 온다. 여든은 넘긴 듯한 할배가 지키고 있는 방앗간이다. 그곳에서도 밀가루를 내기가 어려워지면, 우리 집은 고작 몇 마지기 밀 농사 거둔 것을 싣고 어디 찾아갈 데가 있을까.

밀과 보리 방아를 찧고, 잡곡도 무엇이든 가지고 갈 수 있었던 우리 마을 들머리 방앗간은 꽤나 멀리서도 밀이나 보리나 수수 따위를 싣고 찾아오는 사람들이 있었다. 전라도에서도 오고, 경상도 저 반대쪽에서 자동차로 두어 시간을 타고 와서 방아를 찧어 갔다. 심지어 경기도나 충청도에서 곡식 가마를 부쳐서는 택배로 받기도 했다. 조그맣게 농사짓는 사람들이 갈 곳이 없어서 그랬다.

규모가 큰 도정 공장들은 엄청난 양이 아니면 받아주질 않고, 집집이 놓아 쓰는 정미기는 쌀 말고 다른 곡식을 찧기는 어렵다. 마을 방앗간이 없는 시골 마을은 농사꾼 뜻대로 심고 싶은 곡식을 고를 수가 없는 것이다. 어떤 농사는 그야말로 방앗간만이 마을 농사를 떠받친다.

방앗간이 없으니 집집마다 작은 도정기를 들여놓고 쌀을 찧고 있다. 하지만 이 기계로는 백미는 어렵지 않게 깎아도, 쌀을 찧는 시간이 오래 걸리고, 현미를 깔끔하게 찧는 것은 어렵다. 기계값도 적지 않고, 종종 손을 잡힐 때도 생긴다. 나락을 싣고 방앗간을 드나들던 사람들이, 자기 집 창고 한 구석에 놓인 도정기 앞에서 혼자 나락을 붓고, 쌀을 담는다.

우리 집도 방앗간이 없어진 해에 도정기를 들였다. 집이 작으니, 사람들이 흔히 쓰는 것보다 더 작은 게 없는지 여기 저기 들쑤시고 다니다가 결국 일본 제품을 사 가지고 쓰고 있다. 무척 단순해 보이지만, 안타깝게도 우리나라에서는 만들지 않는다. 그래도 구할 수 있는 작은 기계가 있어서 다행이겠지. 기계가 작으니, 쌀을 찧는 시간은 몇십 배쯤 오래 걸린다. 덕분에 한 달에 몇 번이고 쌀을 찧고 있다. 다만 나락을 천천히 깎아서 열이 나지도 않고, 쌀알도 더 좋은 느낌이 든다.

시골 방앗간 사정은 그렇다 치고, 요즘은 정미기라는 이름으로 현미를 백미로 깎아서 먹을 수 있는 작은 기계를 판다. 쌀을 살 때 현미를 사서는 먹을 때마다 깎아서 먹는 것이다. 아주 작아서 부엌에 놓고 쓰기에도 부담스럽지 않다. 벼는 뉘를 벗기고 나면, 얼른 먹는 것이 좋다. 무엇이든 껍질이라는 건 알맹이를 지켜 주는 것이니까. 그러니까 요즘은 다들 도정 날짜가 잘 보이게끔 큼지막하게 찍어 놓고, 소비자도 그걸 봐 가면서 쌀을 산다. 아예 현미를 사다가 집에서 조금씩 그때그때 벗겨 먹으면 더 좋을 것이다.

산업혁명에서 두 가지가 가장 중요하다고 하는데, 하나는 방직이고 다른 하나는 도정이라고 했다. 예전에는 옷 짓고, 나락 벗겨서 밥 짓는 것이 가장 큰 일이었는데, 이 두 가지를 기계한테 맡길 수 있게 된 덕분에 산업사회가 가능했다는 얘기였다. 시골에 내려오고 나서 아내는 재봉틀을 쓰고, 나는 도정기를 쓰게 되었다. 다른일을 많이 하지는 않아서 그런가, 도정기가 말썽을 부릴 때는, 이 기계 없이 먹고 살았을 때는 어쨌을까 하는생각이 저절로 든다. 정말 혁명이었겠지.

쌀을 주식으로 하는 나라 가운데, 도정기가 들어오고 나서 각기병으로 사람들이 많이 죽은 나라들이 있었다. 일본도 그랬다고 한다. 하얀 쌀밥에 짠지 몇 조각만먹었다는데, 그래도 당장 먹을 때는 쉽고, 맛있고 그랬을 것이다. 조선은 반찬을 이것 저것 많이 먹어서 각기병 따위는 걸리지 않았다지만, 마을에 방앗간이 들어온것을 기억하는 할매는 새 세상이 열린 것이라고 했다. 게다가 그때는 전깃불로 뭘 하는 집이라고는 방앗간밖에 없었다고, 온 마을에서 가장 환한 집이었다고.

방앗간이 헐리던 날, 마을에서 젤로 나이 많은 할매둘이서 그것을 가만히 지켜보았다. 여든이 넘으셨지만늘 큰 소리로 웃고 이야기하시던 두 분. 그날은 사람들이 옆에 지나가는 것도 잘 모르는 채로, 한마디 말씀 없이 방앗간 앞을 서성이며 집에 들어가는 듯하다가는 다시 나와 서 있고, 다시 나와 서 있었다. 길을 가던 사람들도 모두들 부서진 채 한쪽으로 놓인 고무 벨트며 커다란 철 바퀴와 무쇠 기둥 따위를 한참씩 지켜봤다.

어쩌면 우리는 훗날 어느 때에 작은 방앗간이 사라진 자리에, 티끌 하나 묻지 않은 채 번쩍이는 기계가 들어가 있는 '농업 기념관 — 방앗간관' 따위를 높다랗게 세울지도 모르겠다. 나락 가마를 아슬아슬하게 싣고 뒷걸음질로 경운기를 운전해 들어오는 농사꾼도 없고, 늦은 밤 불 밝힌 채 덜그덕거리는 방아 소리도 들리지 않고, 새로 농사일을 배우는 젊은 사내한테 너나없이 한마디씩 풍작의 비결을 일러 주는 선배들 하나 없이, 매끈하게 실물 크기로 다듬어진 기념관 같은 것.

쓰임 _ 농산물 포장

* 해마다 새로운 포장재들이 나오고 있다. 모양새가 좋으면서,
건강을 해치지 않는 것, 탄소 배출을 줄였다는 것을 강조하는 제
품이 늘고 있다.

농산물 포장재

오로지 종이로 만든 쌀 봉투

겨울 문턱에 들어서서 아침저녁으로 춥다 싶을 때가
되어서야 벼를 거둔다. 햅쌀 나오는 시기로는 아마 가
장 늦은 편에 들지 싶다. 밀과 벼 이모작 농사를 지으니
까, 초여름 밀을 거두고 나서 6월 말 하지쯤이 되어서야
모내기를 할 수 있어서 그렇다. 해마다 쌀을 대어 먹는
집에서도 늘 햅쌀을 기다리다 기다리다 반쯤 포기할 즈
음, 타작을 하고, 나락을 볕에 널어서, 잘 마르기를 기다
렸다가 쌀을 찧어 보낸다. 햅쌀을 처음 찧은 날에는 집
안에 햅쌀 냄새가 가득 찬다. 쌀을 담는 종이봉투 안에
도.

10년 전 처음 쌀을 보낼 때는 작은 마대 자루 같은 것을 썼다. 아주 조금 보낼 때는 비닐로 된 지퍼 백 같은 것도 쓰고. 그러다가 일본에서 종이봉투에 담긴 쌀을 봤다. 겉만 종이이고, 속에는 플라스틱 코팅이 되어 있는 그런 포장지가 아니라, 오로지 종이로만 만든 봉투였다. 농업 자재를 파는 가게에서는 여러 가지 종이봉투를 쉽게 살 수도 있었다. 봉투를 묶는 것도 다른 기계를 쓸 필요 없이 봉투 입구에 매달려 있는 종이 끈을 묶기만 하면 된다. 완벽하게 밀봉이 되는 것은 아니지만, 쌀을 담기에는 충분하다. 생김새도 단순하고 아름다웠다. 나처럼 조금씩 그때그때 쌀을 담아서 보내기에는 더없이 좋은 포장재인 셈이다.

이 봉투에 담긴 쌀을 받은 사람 여럿이 종이봉투가 아주 마음에 든다는 이야기를 해 왔다. 보기에도 좋다고 하고, 다른 데에 쓰거나, 재활용품으로 내거나 어느 쪽으로든 맘 편히 할 수 있으니까. 일본 것을 사다 써야 한다는 것과 봉툿값이 더 든다는 것이 마음에 걸리는 일이지만, 아직은 이걸 바꿀 만한 포장재는 찾지 못했다. 쌀을 담을 때마다 기분이 좋은 봉투.

그동안 농사지은 것을 팔거나 보내기 위해서 농산물 포장재를 찾고, 구해서 써 보고 했던 것을 돌아보면, 농사짓는 것을 배우는 것보다 더 어려웠던 것 같다. 조금씩, 때마다, 적은 돈으로, 직접 포장을 해야 한다는 조건에다가, 가장 중요한 건 먹을거리를 싸야 했으니까. 그동안 택배로 보낸 것만 꼽아 봐도, 여러 가지 채소, 곡식, 과일, 밀가루, 유자차, 된장, 쨈 따위들. 하나씩 새로운 것을 보낼 때마다 농사를 잘 짓는 것만큼이나 그걸 어떻게 싸서 보낼 것인지 찾는 것도 만만치 않았다.

몸에 해롭지 않은 것이면서, 보기에도 좋아야 하고, 환경에도 부담을 덜 지우는 것, 재활용을 할 수 있다면 당연히 더 좋을 테고. 이런 거 따로 전문적으로 하는 사람이 있을 텐데 싶었지만, 그런 사람을 따로 찾아 비용을 지불하는 것은 농사가 작아서 엄두를 내기 어려웠다. 양은 적고 종류는 다양하고.

'농서남북'이라는 사이트가 있다. 농촌진흥청에서 운영하는 농업 도서관이다. 보고 싶은 책은 우편으로 신청할 수도 있고, 농진청에서 펴낸 자료는 곧바로 전자책으로 볼 수도 있다. 물론 여기 있는 책들은 관청에서 궁리하고 권하는 것을 기준으로 하는지라 그대로 따라 하기 어려운 것도 많다. 곶감을 말릴 때 유황 훈증 처리를 하는 방법만 당연하다는 듯이 써 놓거나, 무말랭이를 하거나, 고추를 말릴 때에도 햇볕에 널어 말리는 방법은 아예 써 놓지도 않는다. 지금은 예전과 달리 기계와 전기 따위의 도움을 받아 만드는 방법이 도입되었다고는 해도, 할 수 있는 방법으로 다른 것은 어떤 것들이 있는지 짚어 주기만이라도 하면 좋겠지만, 그런 내용이 없을 때가 많은 것이 아쉬운 점이다. 그래도 전혀 모르는 분야에 대해서 한번 살펴보기에는 나쁘지 않다.

이 사이트에 요즘 올라오는 자료들을 보면 농산물을 가공하고, 포장하고, 판매하는 것을 다루는 책들이 꽤 눈에 띈다. 농사짓는 사람들이 저마다 농산물을 가공해서 판매까지 해야 하는 경우가 많아진 까닭이겠지. 그나마 예전보다는 포장재를 찾는 것도 쉬워졌고, 직거래를 하는 방법도 간단해졌다. 인터넷을 쓰는 데에 익숙한 사람한테만 그런 거지만. 다행히 문재인 정부에서도 농업인이 이런 문제를 좀 더 쉽게 해결할 수 있도록 애를 쓰고는 있다. 전혀라고 해도 좋을 만큼이었던 예전

정부하고는 많이 다르다. 지자체마다 농산물을 가공하고 포장하고 판매하는 일을 돕는 센터를 만들어 지원 사업을 하는 곳이 늘고 있고, 다품종소량생산을 하는 농가가 참여하기 쉬운 직거래 장터를 마련하는 일도 중요하게 추진하고 있다.

그러나, 이렇게 농사꾼이 농산물을 포장하고 판매까지 도맡아 해야 하는 상황은 농사를 짓는 사람한테도 그걸 받아서 먹는 사람에게도 좋아 보이지는 않는다. 농산물 포장이니 디자인이니 하는 강좌들이 성황리에 지방을 돌면, 그걸 들은 늙은 농부들은 그 자리에서는 크게 고개를 주억거렸다가, 정작 돌아와서는 뭐 하나 바꿀 수가 없다. 디자인해서 포장하고 파는 일이 이야기 몇 번 듣는다고 될 리가 없다. 책 만드

그러니 농사를
물을 포장해서
아무리 봐도 온
의 일인데, 요
사람에게 다 하
인다.

는 걸로 보자면, 농사꾼이 작가라면, 포장은 디자인과 제작을 맡은 사람들이 하는 일에 가깝다.

농사는 그것만으로도 평생의 경험을 담아야 하는 일이어서, 해마다 다른 경험이 쌓이고, 그러면서도 늘 새로운 것에 귀를 기울이고 감각을 키우고, 배워 나간다. 게다가 많은 일이 한 해에 한두 번밖에 반복되지 않는다. 일을 몸에 익히기가 쉽지 않다. 해야 하는 일의 종류는 또 얼마나 많은가.

한 해 동안 철따라, 날마다 달라지는 일을 능숙하게 해내야만 멀쩡한 채소와 곡식과 과일을 얻는다. 그러니 농사를 짓는 것과 농산물을 포장해서 판매하는 것은 아무리 봐도 완전히 다른 성격의 일인데, 요즘은 그걸 같은 사람에게 다 해내라고 밀어붙인다. 몇 년 전부터 모든 농사꾼을 농업경영인이니, 농업경영체니 하면서 관리를 하기 시작했는데, 이것을 보고 있으면 농업인에 대해서, 농사짓는 사람이라는 부분보다 농산물 파는 사람이라는 부분을 더 강조하는 게 아닌가 싶다.

농협이나 도매상을 통해서 농산물을 내는 값이 직거래를 하는 값과 차이가 많이 날수록 농사짓는 사람은 직거래를 할 수 있는 방법을 찾는다. 농사 규모가 작고 여러 농산물을 골고루 농사지으려는 사람도 직거래가 아니고서는 농사를 짓기 어렵다. 이렇게 여러 작물을 조금씩 짓는 농사일수록 땅을 살리고, 더 건강한 농산물이 나오기 쉽지만, 그러자면 대개는 택배를 이용해서 직거래를 해야 하고, 포장하고 파는 일까지 다 같이 해내야 한다.

집에서 쓰는 종이로 만든 쌀 봉투는 다른 곡식이나 몇몇 채소를 담을 때도 쓰고 있다. 여기에 담아도 괜찮겠다 싶은 생각이 들면 자꾸 더 쓰게 된다. 새로운 포장재라거나, 유행에 휘둘려 저마다 서로 엇비슷한 디자인으로 쏟아지는 농산물 브랜드를 보고 있으면, 이 종이

봉투처럼 기본에 충실하면서도 단순한 포장재가 더 아쉬워진다.

쓰임 _ 장작 패기

장점 _ 허리를 더치거나 발등을 찍지 않는다.

　　　　정확하게 나무를 쪼갤 수 있다.

가격 _ 10~20만 원

안전 도끼

"얘들아, 산에 가자.", "뭐 할려구? 나뭇가지 줍게?"
아이들과 겨울 산에 가는 건, 거름으로 쓸 부엽토를 긁
어 오거나, 그게 아니면 장작을 해 오거나 둘 중 하나다.
아이들은 잔가지를 줍든, 가랑잎을 모으든 처음에는 엄
청 열심히 한다. 나는 그걸 보면서 은근히 지난 번보다
는 얼마나 더 해 오나 자꾸 그런 것만 살피고. 열심히 일
하는 짧은 순간이 지나고 나면, 아이들은 저희들끼리
잠깐씩 일하고 거의 논다. 그래, 애들 산에서 놀리려고
갔지. 그러다가도 어느 순간에는 잔소리가 나간다. 아
이들은 조금 일하는 척하고. 올라가서 한 번은 꼭 그런

장면이 벌어지기는 해도, 날이 추워지면 식구들 모두 언제 산에 가지? 서로 기다린다. 갈퀴와 노끈, 포대, 작은 손도끼 따위를 챙기고, 보온병에 따뜻한 물, 고구마나 단호박 찐 것도 넣고.

작년에 집을 고쳤다. 방바닥도 다시 했다. 예전에는 잠을 자는 방 두 개가 하나는 기름보일러이고, 하나는 구들방이었다. 그걸 다 뜯어서 보일러는 부엌하고 마루만 데우게 하고, 방은 구들방으로 했다. 구들을 놓기 전, 구들방에서 불 때고 살았던, 살고 있는 몇몇에게 전화를 돌려 살면서 어땠는지 물었다. 한결 같은 대답이었다. "광진아, 이제 나는 그렇게는 안 살고 싶다.", "아니 왜? 시골 산 지 10년이나 됐으면서 모르는 것도 아니고 왜?" 그랬지만, 어쨌거나 지금 우리 식구가 자는 방은 구들방이다.

구들도 연장이라고 할 수 있으려나? 구들, 화덕, 아궁이, 난로 같은 것을 묶어서 다음 번에 이야기해 볼 생각이다. 한겨울에 정말 고마워하면서 끌어안고 사는 것들이니까. 구들방에서 살려면 장작이 있어야 한다. 장작. 단순한 사실이지만, (글자 그대로) 온몸이 뻐근해지는 사실. 한 트럭에 얼마, 이렇게 장작을 살 수도 있지만, 그건 너무 비싸고, 나무를 해야지. 기름은 떨어지면 전화 한 통화만 하면 되지만, (도시가스를 쓴다면, 전화도 안 하겠지. 하동은 작년인가 읍내에만 조금 도시가스가 들어오기 시작했다. 우리 마을에 도시가스가 들어올 리는 없는데. 기름보일러 기름값은 도시가스보다 훨씬 비싸다.) 날 추운데 장작이 넉넉하게 쌓여 있지 않으면, 나무는 더 빨리 줄고, 방바닥은 더 늦게 따셔진다. 장작 마련한다고 일한 것을 돌이켜 보면 아주 되게 일한 것도 아니고, 한참 여러 날 일도 아니다. 그런데도 이 일은 다른 일보다 더 마음을 옥죄는 게 있다. 겨울에 바닥 냉골인 거, 생각만 해도 춥다.

잔가지 주워 나르는 것은 아이들과 할 수 있지만, 불 땔 나무를 해 오는 것은 채비부터 다르다. 체인 톱 때문이다. 그걸 써야만 하니까. 겨울에만 쓰는 체인 톱을 꺼내서 기계가 잘 돌아가는지 시동을 건다. 기름칠도 하고. 몸에 붙여서 쓰는 기계로 가장 긴장되는 것 두 가지가 체인 톱과 예취기다. 예취기는 그래도 자주 써서 익숙하지만, 겨울이 되어서 새로 꺼낼 때마다 체인 톱은

낯설고 무섭다.

〈우드잡〉이라는 일본 영화, 사람들이 산에서 숲과 나무를 가꾼다. 윤구병 선생님이 늘 말씀하시던, 산을 가꾸는 사람들이 이런 사람들 아닐까 싶다. 나는 우리나라에서는 이런 식으로 산을 가꾸는 것을 잘 보지 못했다. 그래도 강원도에서는 통일을 내다보고, 어린나무를 심어 두었다지. 여기서는 나무하겠다고 산에 가 보면, 어디든 잡목이 빽빽하고 어지럽다. 사람 손이 닿기 좋은 곳이어도 그렇다.

여하튼, 눈길이 더 갔던 것은 영화에서 사람들이 체인 톱을 쓰는 장면. 보호 장구를 빠짐없이 챙기고, 기계를 다루는 자세부터 잘 배우고, 잘 가르친다. 엔진 톱은 소리부터 요란하고, 톱날은 사정없이 돌고, 실제로도 많이 다친다. 그만큼 몸에 꼭 붙이고 좋은 자세로 다뤄야 하는데, 본데가 없으니 아는 게 있나. 영화를 보고 나서, 체인 톱 쓰는 장면만 몇 번 돌려 봤다.

땔감을 마련하려면 체인 톱으로 나무를 적당히 잘라서 재어 둔다. 한동안 나무를 말리고 나면 이제 도끼질이 시작. 여느 날붙이 연장들도 날 끝에 힘을 모으는 것은 마찬가지이지만, 도끼야말로 온몸의 힘을 다 끌어모아서 단번에 도끼날 끝에서 그 힘을 터뜨린다. 도끼를 들고 부드럽게 힘을 모을 줄 아는 사람들이 있다. 장작도 경쾌한 소리를 내면서 매끈하게 쩍 갈라진다.

내가 그런 사람일 리는 없고. 도끼를 두고 무서워하는 마음은 허리 뒤부터 슬금슬금 올라온다. 이십 대 때부터 허리 때문에 고생을 하고, 여전히 한두 해 걸러 한 번씩 방바닥에 꼼짝없이 누워서 며칠씩 지내는 일이 생긴다. 그러니 자칫 잘못하다가는 허리를 다칠지 모른다 하는 불안이 늘 있다. 짐을 들거나 힘을 쓰는 일 앞에서는 언제나 허리 먼저 조심을 한다. 기다란 도끼 자루를 크게 휘두르는 일은 그래서 제대로 몸에 익히지 못했다. 불안한 마음이 이렇게 커서야, 언제 이 많은 나무들을 쪼개서 겨울날 장작을 넉넉히 쌓아 놓을 수 있을까.

나 같은 사람이 드문 것은 아니어서, 꽤 다양하게 개량된 도끼들이 나와 있다. 물론, 익힐 수 있다면 도끼 그대로가 가장 낫다. 낫과 호미와 괭이나 마찬가지. 도끼도 그만한 연장이니까. 창고 옆에 이런 연장들이 잘 손질되어서 가지런히 걸린 집이라면, 주인장한테도 믿음이 간다. 서정홍 시인은 어쩌다가 괭이가 비 맞는 것을 보고도 마음이 쓰여 시를 쓰고, 괭이하고 이야기를 나눈다. 더 이상 단순해질 것이 없는 연장들은 오래 두고 쓸수록 몸이 된다.

어쨌거나, 누군가에게는 그럴 만한 사정과 필요가 생기게 마련이라 도끼를 개량하는 것은 크게 두 방향으로 나뉜다. 한쪽으로는 적은 힘으로, 다치지 않고 일할 수 있게끔 만든 것들이 있고, 다른 쪽으로는 역시 석유나 전기의 힘을 빌려서 더 많은 일을 해치울 수 있게 하는 기계들이 있다. 동력을 쓰는 쪽이 궁금하다면, '스크루 도끼', '유압 도끼', '전동 도끼' 같은 이름으로 찾으면 된다.

다행히도, 구들방 두 칸에 불을 넣는 데에는 나무가 그리 많이 들지 않는다. 그러니 동력 쓰는 도끼까지는 없어도 좋고, 지금 쓰고 있는 것은 '쐐기형 도끼'이다. 이런 도끼는 많이 쓰는 사람이 없어서, 이름도 부르는 사람마다 조금씩 다르다. 도끼질 할 때에 가장 어려운 점 하나는 도끼날을 찍고 싶은 자리에 딱 맞춰서 도끼질 하기가 어렵다는 것. 자리를 맞추려다 보면, 힘이 약해지고, 세게 내려치다 보면 엇나간다. 도끼로 제 발등은 찍는 일은 그래서 비유가 아니라 발등이 퉁퉁 붓는 것으로 끝나면 다행이고, 자칫하면 뼈도 다친다. 이런 일을 막으려고 다 낡은 자동차 타이어 안에 나무를 세워 놓고 도끼질을 하기도 한다. 타이어에 도끼가 튈 것 같지만, 실제로는 그리 튕기지 않고, 더 안정감이 있다.

쐐기형 도끼는 도끼날 같은 쐐기를 나무에 살짝 끼우고, 다른 물건으로 이 쐐기를 내려친다. 애먼 자리에 도끼 머리가 박힐 일이 없다. 요즘은 캠핑을 가서도 작은 장작 난로를 쓰기도 한다는데, 손도끼로 작은 나무를 쪼갤 때도 마찬가지다. 작은 나무는 큰 힘이 필요하지는 않으니까, 날이 조금 들어갈 만큼 도끼질을 한 번 하고, 그 다음부터는 나무를 끼운 채로 바닥에 쿵쿵 찧어서 나무를 쪼갠다. 쐐기형 도끼도 이런 식으로 나무를 쪼개 나간다.

처음 썼던 것은 장작을 올려 두는 나무 밑둥에 기둥을 박아 쓰는 것이라, 어디 들고 다닐 수가 없었다. 지금 쓰는 것은 들고 다닐 수도 있고, 다칠 염려도 없다. 하지만 도끼질이 손에 익은 사람은 한 번 써 보더니 보통 도끼만큼 세게 내려치기가 어려운 게 단점이라고 했다. 거꾸로 도끼라고 불리는 도끼도 있는데, 아예 도끼날이 바닥에 서 있는 모양새로 되어 있다. 나무를 올려 놓고는 나무에 대고 망치질을 해서 쪼갠다. 작은 나무를 할 때 쓰기에 좋아 보인다.

　그리고, 무슨 일이 안 그렇겠냐만 도끼질도 때를 맞추는 게 가장 중요하다. 나무가 잘 쪼개질 만한 때가 언제인가 살피는 것이 일의 시작인 셈. 누구는 조금 덜 마른 게 낫다고 하고, 누구는 3년은 말려야 한다고도 한다. 눈 덮인 겨울 산, 쓰러진 나무를 그 자리에서 패는 것이 좋다고도 한다. 깊은 산 오래도록 나무를 해서 불을 땐 지인은 때를 잘 찾으면 도끼날이 스치기만 해도 나무가 벌어진다고 했다. 그러나 나는 아직도 적당한 때를 잘 찾지 못한다.

쓰임 _ 방을 데운다.

장점 _ 밭이나 산에서 나무를 해서 뗄 수 있다.
　　　　연료비를 아끼고, 잠자는 방만 따로 난방하기 쉽다.

구들과 아궁이

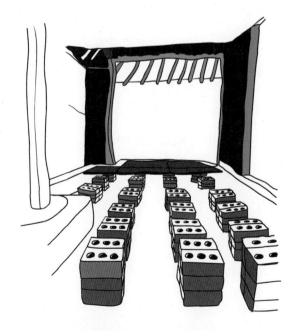

지난 여름 그렇게 뜨거웠는데, 첫 눈, 첫 얼음, 첫 겨울바람이 다 매섭다. 감나무 가지에 가랑잎도 매달려 있었는데, 하룻밤 새 찬바람에 놀라서 다 떨어졌다. 얼마 전, 아이들 잠옷을 톡톡한 것으로 꺼내 입혔다. 구들장에 불을 넣기 시작한 것도 그때쯤. 아궁이는 마루 한쪽에 놓여 있다. 저녁마다 아내가 아궁이 앞에 쪼그리고 불을 넣는다. 나는 구경만 한다. 따뜻하고 평화로운 시간이다. 마루에도 온기가 돈다. 식구들이 자기 좋은 대로 마루에서 저녁 시간을 보낸다. 엄마와 함께 바느질을 하고, 아궁이 앞에 자리를 잡고 만화책을 본다.

구들과 아궁이를 연장이라고 할 수는 없겠지만, 겨우내 하는 가장 중요한 일은 잘 먹고, 집을 따뜻하게 하는 일이니, 시골 살림을 버티는 가장 중요한 도구이자 장치이다. 날마다 아궁이를 들여다본다. 나무를 넣어 방바닥을 데워야 한다는 건, 밥 사 먹을 식당 하나 없는 곳에 살면서 끼니를 챙기는 것과 비슷하다. 몸을 놀리지 않으면 춥다. 아이들과 함께 자는 방, 하룻밤도 건너뛰기 어렵다. 시골집 지을 때, 고칠 때, 사람들이 가장 많이 하는 얘기도 난방은 어떻게 하고, 단열은 얼마나 할 것인가이다.

불을 넣어서 금방 따뜻해지는 방바닥은 그만큼 금방 식는다. 데우는 데 오래 걸리면, 식을 때도 천천히 식는다. 빨리 따뜻해지고, 그것이 오래 가기를 바란다면, 방바닥을 얇게 하고, 그 다음 단열을 잘 하면 된다.

처음 시골로 이사 왔을 때, 이 집은 두 방 모두, 구들 위에 기름보일러가 놓여 있었다. 서른 초반이었으니까, 기껏 내려왔는데 구들방 정도는 하나 있어야지, 하는 마음으로 방 하나를 뜯어서 구들을 다시 놓았다. 그때는 마을 어른들이 그 일을 해 주셨다. 젊은것이 들어온다고, 아주 어여삐 여기는 마음으로 일을 해 주셨다. 그래서, 방 구들을 어찌 해 놓으셨는가 하면, 여느 집보다 흙을 몇 배는 더 얹어서 두껍게 했다. 그러니 아궁이에 장작을 아무리 집어 넣어도 기별이 없지. 구들방에 불 넣는 것이 이렇게 힘들구나 싶었다. 옆방은 기름보일러 방이었으니, 자꾸 그 방에 가서 잤다. 얼음장처럼 차가워진 구들방은 더 더 불을 넣기가 힘들었다.

어르신들 젊을 적에는 방바닥 두꺼운 게 좋았겠지. 끼니마다 아궁이에서 밥하고, 그야말로 아궁이에 불씨 꺼질 일이 없었을 테니까. 한번 데워 놓으면, 그런 방은 잘 식지 않는다. 아침 저녁으로 불을 조금씩만 넣어도, 금세 뜨끈해진다.

하지만, 우리는 오로지 난방용

귀농인이 짓는 쏟아붓고, 한 머리카락이 삐 들여서는 하지 을 담은 부실 다.

으로만 불을 넣었다. 방바닥 두꺼
운 게 우리 집 생활하고는 맞지 않았
다. 그걸 아는데도 한참 걸렸다. 집
이 생긴 것하고, 살림살이 살아 내
는 것하고 맞아떨어지는 집이어야
좋은 집인데, 시골 살림이 뭔지도
몰랐으니, 내려오자마자 낡은 집을
홀랑 벗겨 내듯 싹 고치는 일이 사는
꼴에 맞춰서 잘 되었을 리가 없다.

　냉구들을 그렇게 제대로 쓰지
못하다가, 십 년 가까이 되어서 다
시 집을 고치게 되었다. 불을 어떻
게 하지? 기름보일러, 연탄보일러,
전기보일러, 화목보일러, 구들. 우
리가 선택할 수 있는 것은 이 정도.
이 가운데 무엇을 고를 것인지 하
는 데에 가장 중요한 조건이 있었는
데, 아내가 불 때는 것을 좋아한다
는 것이었다. 그러자면 화목보일러

시골집은 돈을
해만에 십 년치
려 가며 정성을
를 만든다. '혼
시공'인 셈이

와 구들이 남는다. 화목보일러는 덩치가 엄청나다. 나무도 많이 쓰게 마련이다. 우리 집에는 어디 놓을 자리도 없었으니, 불을 때려면 구들밖에 없다. 어떻게 하면 쓸 만한 구들을 놓을 수 있을까? 그게 아내의 고민이었다. "장작 하고 그러려면 좀 힘들지 않을까?" 물었더니, "혼자 사는 할매들 봐, 잔가지나 겨우 주워 오고, 그러면서도 다 방에 불 때고 살잖아." 그렇게 말한 아내는, 아궁이가 실내로 들어오는 게 좋겠다고 했다. 마루에서 불을 땔 수만 있으면, 날마다 불 때는 것도 그렇게 힘든 일은 아닐 거라고.

마루에 들일 수 있는 아궁이를 찾는 일이 시작되었다. 구들, 아궁이, 화덕, 난로 같은 말들이 북적이는 인터넷 카페를 들락거리면서 알게 된 것은, 이쪽 분야야말로 한다하는 적정기술의 고수들이 논바닥 피처럼 올라오는 곳이라는 것. 〈나는 난로다〉 같은 행사장에 가면 온 나라를 철판 위에 올려놓고 달궈 버릴 기세로 사람들이 불을 피운다. 구들이든 난로든 화덕이든 저마다 다른 모양, 다른 원리를 내세운다. 나야 아는 게 별로 없으니, 뭔가 보일러처럼 공장에서 만든 거 가져다 놓고 하자 없이 설치해서 쓸 수 있으면 좋을 텐데 싶지만.

구들은 집마다 다르게 생기고, 놓는 사람마다 다르고, 또 그만큼 구들 잘못 놓고 고생했다는 사람 이야기도 새털처럼 흩날렸다. 구들이 멀쩡해도, 나무 해서 장작 마련하는 큰일이 버티고 있는데, 구들마저 문제가 생기면 안 되지. 아파트는 돈 빼돌리고, 일 대충 해서 하자가 생기는데, 귀농인이 짓는 시골집은 돈을 쏟아붓고, 한 해만에 십 년치 머리카락이 빠져 가며 정성을 들여서는 하자를 만든다. '혼을 담은 부실 시공'인 셈이다.

구들은 표준이라는 게 없다. 방바닥 두께도 적당히 두껍게 시작해서, 적당히 얇게 끝낸다거나, 고래 모양도 방 구조 따라 거기 맞춰야 한다거나, 뭔가 들여다볼수록 미궁에 빠지는 느낌이었다. 그러다가 낮은구들이라는 걸 알게 되었다. 아궁이는 만들어 놓은 거 사다 끼우면 되고, 방바닥은 건축자재 파는 것을 사다가, 단순하게 깔 수 있는 구조였다. 구들이 자꾸 문제가 생기는 건 구조가 복잡하고, 예전처럼 충분히 경험이 많은 시공자가 적기 때문인데, 이런 문제를 해결하려고 만든 구들이라고 했다. 도면을 보니, 이런 식이라면 스스로 할 수도 있겠다 싶었다. 방바닥을 하염없이 파내야 하는 힘든 일도 거의 없고, 돈도 적게 들 것 같고. 게다가 아궁이라는 것은 요즘 나오는 난로처럼, 단열이나 축열이 잘 되어 보였다. 실내에 놓고 쓸 수도 있다 했다. 마침, 구들을 만드신 분이 시공 현장에서 교육도 하신다셔서 찾아가 배웠다.

여러 번 겨울을 지내고 나서도 여전히 만족스럽다. 아궁이가 마루에 있지만, 그을음도 별로 생기지 않고, 연기도 실내로는 거의 들어오지 않는다. 혹시나 하는 마음에 일산화탄소 경보기를 곳곳에 두고 지내고 있는데(작은 난로라도 실내에서 불을 땐다면, 일산화탄소 경보기는 반드시 설치해야 한다. 값도 싸다.) 그것으로 봐도 큰 문제는 없는 상태. 장작 몇 개를 넣어서 하루에 한 번 불 때는 것으로 충분하다.

1968년에 상량을 한 낡은 우리 집은 단열이 잘 되지 않는다. 해가 지면 금세 더 추워진다. 그리고 그만큼 아궁이 불이 더 따뜻하다. 방바닥이 절절 끓고 뜨끈해지면, 이불 밑에 몸을 옹송그리고 누워서 아이들과 책을 읽는다. 옛이야기 속 마을을 넘나드는 호랑이와 도깨비가 온 식구가 웅크린 아랫목 이불 속으로 파고드는 밤.

쓰임 _ 닭을 키울 수 있다.

마련하기 _ 간단한 구조로 만든다.

　　　　　조립만 하면 되는 제품을 살 수도 있다.

가격 _ 10~50만 원

닭장

아마도 살면서 잊히지 않을 장면 가운데 하나일 것
이다. 시골로 이사를 오고, 아이를 낳고, 작게 농사를 짓
고, 아직 닭을 키우지는 않았던 때. 우리는 이웃들한테
서 달걀을 얻어먹고는 했다. 가끔은 건네는 달걀이 아
직 따뜻할 때도 있었다. 그저 몇 마리씩, 닭을 키운다기
보다는 닭을 놓는다는 말이 더 어울리게끔 닭과 함께
사는 집들이었다. 닭이 없는 줄 알았던 집도, 마당 한구
석 어딘가에 닭장이 있었다.

젖을 떼고, 밥상에 앉기 시작한 아이도 달걀을 좋아
했다. 가게에서 산 달걀은 그럭저럭 먹는 편이었지만,

이웃이 주고 간 달걀을 상에 올릴 때면 꼭 달걀부터 집어 먹었다. 반찬을 한다고 달걀을 깨뜨릴 때마다, 우리가 시골에 내려와 살림을 살면서 얼마나 놀랍도록 좋은 것을 먹고 사는가 싶었다. 요즘 식구들이 같이 보는 만화책 가운데 〈백성귀족〉이라는 게 있는데, 딱 그 심정이었다. 시골에서 작은 집에 사는 형편이지만, 먹는 것만큼은 더없이 좋은 것을 먹는다. 그게 날마다, 하루 세 번씩이나.

　여하튼 그렇게 달걀을 주는 집 가운데 어린아이가 있는 집이 두 집 있었다. 한 집은 닭을 마당에 풀어놓고 키우는 윗마을 이웃, 달걀을 거둘 때는 닭이 어디에 숨겨 두었는지 한참을 헤매서야 그날의 달걀 몇 개를 얻는 집. 닭들이 온 사방을 돌아다니면서 흙을 파헤쳐서 벌레를 잡아 먹고, 풀씨를 쪼아 댄다. 또 한 집은 마당에 너르게 닭장을 치고 집에서 나오는 음식 남은 것과 부서진 곡식 알갱이를 구해다가 먹이는 집. 이 집 닭들도 늘 활기차고 기분이 좋아 보였다. 그러던 어느 날엔가 닭을 풀어 키우는 집에서 달걀이 왔다. 아이는 맛있다고 먹고는, 닭장 안에 사는 닭이 낳은 달걀이라고 했다.

"아닌데? 윗마을에서 온 달걀이야. 너 자고 있을 때 주고 갔어."

"아니야, 닭장 집 달걀이야!"

"아니, 내가 직접 받았다니까."

아이는 끝까지 고집을 굽히지 않았다. 나중에서야 알게 된 것은, 날이 추워지면서, 윗마을 그 집도 닭한테 음식 남은 것과 곡식 따위를 주기 시작했다는 것. 아이가 말했던 닭장 집 달걀이라는 게, 음식 남은 것과 곡식 부스러기를 먹고 사는 닭이 낳은 달걀이라는 뜻이었다. 닭이 무엇을 먹고 사는지를 아이는 오로지 달걀 맛으로 알아냈던 셈이다.

그리고 이듬해인가, 작은 밭을 마련하게 되었고, 우리는 곧 닭장을 지었다.

"닭만큼 좋은 게 없지. 음식 남은 거는 가리지 않고 다 먹고, 손 가는 것도 뭐 별로 없고, 모이하고 물 챙기면 며칠 집도 비울 수 있고, 그렇게만 하면 달걀 주고, 고기 주고 하잖아. 몇 마리 못 키우더라도 키우기는 꼭 키워야지."

닭장 짓는 것을 보고는 이웃 어른들도 이제서야 미

뤄둔 일 하나, 잘하고 있다는 듯 말씀들을 하셨다. 우리는 조금이라도 더 넓은 땅을 돌아다니면서 지내길 바라는 마음으로, 밭 한쪽으로 제법 크게 울타리를 치고, 그 물망을 둘렀다. 그런 다음 장에서 중병아리를 열댓 마리 사다가 닭장에 넣었다. 그렇게 해마다 닭을 길렀다. 밭에 가면서 물과 모이 정도를 챙기면 달걀을 얻고, 고기도 얻고 그러던 것이 올해는 닭장이 비어 있다. 닭장으로 쳐들어오는 정체 모를 짐승들(족제비와 커다란 들개들)을 막는 데에 실패했기 때문이다. 몇 차례 구멍을 막고, 철망을 다시 둘러쳤지만 소용없었다. 대대적인 보수 공사를 벌이거나, 아니면, 아예 닭장을 새로 짓거나 해야 하는 상황이 되었다.

닭장을 연장이라고 할 수는 없겠지만, 새로 마련해야 해서 여기저기 더 찾아보고 다녔더니, 정말 다양한 모양의 닭장을 팔고 있었다. 닭장을 어떻게 지을까, 그 궁리만 하고 있었는데, 이 정도면 사서 쓸 수도 있겠는 걸 싶었다. 처음 닭장을 만들 때만 해도, 못 봤던 물건 같은데 말이다. 그리고 우리나라 사이트는 아니지만, 자세하고 정확한 닭장 설계도를 내려받을 수 있는 인터넷 공간도 여럿 있었다. 구글 같은 사이트에서 'chicken coop' 같은 말로 검색하면 나온다. 그러니 형편껏, 적당한 값을 치르고 닭장을 사거나, 아니면 설계도를 내려받아서 손쉽게 따라 하거나, 닭장을 지을 때 신경 써야 하는 것들을 찬찬히 짚어 가면서 제멋대로 지어 보거나, 어느 쪽이든 아주 어렵지만은 않은 일이 되었다. 물론 예전에는 마당에 풀어 놓고, 닭둥우리 하나에, 횃대 정도를 걸고 닭을 길렀겠지만.

밭에 있는 닭장도 들짐승만 아니라면 괜찮을 텐데. 그러니까 똑같은 것이어도, 동네 가운데 있거나, 마당에 있었다면 닭을 키울 수 있었을 것이다. 하지만, 집 바깥에 짓는 닭장은 다른 짐승이 오지 못하게 막는 일이 가장 큰일이다. 어떻게서든 닭

닭들도 추운지 앉던 날, 두 손을 안아 올렸 털 사이로 보드 었다.

142

장에 들어가려고 울타리를 비집고, 흔들고, 물어뜯는 녀석들이 있다. 해꼬지하는 놈들이 오지 않는 마당에 놓을 닭장이라면 적당히 닭이 움직일 수 있고, 먹을 것을 주기에 좋고, 닭이 어디 밖으로 나가지 못하게만 하면 된다.

닭장을 마련하는 게 어렵지 않은 만큼, 도시에서도 닭을 키우는 것이 아주 어려운 일은 아니라고 생각한다. 적어도 개나 고양이와 함께 사는 것보다는 일이 적다. 아파트 베란다에서 닭을 키우는 사람들 이야기도 쉽게 찾아 들을 수 있다. 물론 수탉은 빼고, 암탉만. 수탉 울음소리는 크다. 정말 크다. 아마도, 아래층 사람 정도가 아니라 동사무소 직원이 집으로 찾아올지 모른다. 수탉은 그 소리 때문에 어느 순간이 되면, 기를 수 없다는 것을 저절로 알 것이다. 시골에서도 가끔은 도저히 감당하기 어려운 수탉도 있을 정도니까.

여하튼 닭은 새니까, 몸집이 꽤 큰 새를 키운다고 생각하면 된다. 덩치가 큰 만큼 먹이고, 똥 치우고 하는 데 손이 더 많이 가지만, 음식물 찌꺼기는 남김없이 다 먹어 치우는 데다가, 그 보답으로 달걀을 건네는 녀석이다. 이 특별한 달걀은 정말 맛있고, 저절로 고마운 마음이 든다. 무정란이기는 하지만, 달걀은 무정란/유정란 구분은 그리 중요한 문제가 아니다. 닭이 무엇을 먹고 어떻게 살고 있는가가 백이십 배쯤 더 중요하다.

거기에 더해서 닭장과 더불어 작은 텃밭이(혹은 채소를 가꾸어 먹는 커다란 화분도 좋다.) 있다면 둘의 조합은 더 기분 좋은 일이 된다. 닭똥을 적당히 삭히거나 왕겨나 톱밥 따위와 섞어서 텃밭이나 화분에 주면, 토마토는 몇 상자가 더 달릴지도 모르고, 가지나 고추 같은 것도 버팀대가 휘청일 만큼 열매가 줄줄이 매달릴 것이다. 텃밭에서 뽑은 잡초나 잡아낸 벌레는 닭이 가장 좋아하는 먹잇감이 될 테고.

그리고, 닭장을 들이고 닭을 키우면 따뜻하고 보드

라운 닭을 안을 수도 있다. 닭을 키우기 시작하고 첫 겨울이 되었을 때, 갑자기 찬바람이 불어서 닭장에 물이 다 어는 게 아닌가 걱정이 되던 날이었다. 닭들도 추운지 좀 굼뜬 것 같았던 날, 두 손으로 가만히 닭을 안아 올렸다. 매끈한 깃털 사이로 보드라운 솜털이 있었다. 작은 몸, 열이 난 아이의 몸만큼 따뜻한 몸이 파닥파닥 뛰는 걸 한참이나 품에 들고 있다가, 닭장 안에 넣어 두었다. 아마도 내년에는 다시 어린 병아리들을 데려올 수 있겠지.

쓰임 _ 꿀을 얻는다.

마련하기 _ 벌통도 있어야 하고, 꿀벌도 있어야 한다.

가격 _ 5~30만 원

벌통

　해마다 찍어 놓은 사진이 있다. 서로 마당이 들여다
보이는 바로 옆집, 이제는 할머니 혼자 사는 그 집을 우
리 식구들은 앵두나무집이라고 부른다. 앵두가 달리기
시작하면, 할머니는 해마다 잊지 않고 마음껏 앵두를
따 먹으라고 하신다. 한 해의 첫 과일, 앵두가 졸졸이 달
리면, 아이들은 나무 밑에 자리를 잡고 앉아서, 꺾어다
주는 나뭇가지를 붙잡고 앵두를 훑어 먹는다. 저절로
사진기를 꺼내서 한 장 남겨 두게 되고, 그게 해를 거르
지 않고 쌓여 있다.

　앵두나무는 여든 넘은 할머니가 열몇 살에 시집왔을

때부터 지금 모습 그대로였다고 한다. 대문을 나서면 바로 앞에 서 있으니, 꽃 피고, 열매 달리고, 아이들이 그 밑에 앉아서 앵두를 먹을 때까지는 늘 눈길이 간다. 그리고 꽃과 열매를 보는 것도 좋지만, 언젠가부터 소리를 듣는 것도 좋아하게 되었다. 꽃에 모이는 꿀벌 소리. 시골에 오고 한두 해는 잘 몰랐다. 소리가 나는 줄도 몰랐는데, 어느 땐가, 앵두나무 아래에 있는데 붕붕 하는 바람 소리 비슷한 것이 머리 위에서 났다. 꽃만큼 많은 꿀벌들이 몰려들어 있었다.

벌은 꽃이 피자마자 오는 것은 아니고, 며칠 있어야 온다. 한번 오기 시작하면 이삼일 혹은 날이 좋으면 하루이틀 더, 아주 요란하게 찾아온다. 그렇게 꿀벌 나는 소리를 알아듣고 나니까, 다른 곳에서도 꿀벌 나는 소리가 들리기 시작했다. 온 동네가 환해지는 매화나 벚나무에 모이는 소리야 정말 커서 누구든 알아듣고, 들깨꽃에도 메밀꽃에도 날아오고, 옥수수꽃이 피어도 온다. 밭에 피는 꽃에서 듣는 꿀벌 소리는 더 반갑다. 아이들도 "꿀벌이 있어야 앵두를 먹지." 한다.

얼마 전 옆집 아저씨가 급히 부르길래 갔더니, 축사

CCTV를 보는 컴퓨터가 안 된다고 했다. 송아지가 언제 나올지 모르는데, 이게 안 되면, 축사에서 밤을 지새워야 할 판이었다. 하지만 늘 그렇듯 컴퓨터나, TV를 손봐 달라고 하는 것들은 스위치 몇 번 누르거나, 리모컨 건전지를 바꾸거나 하는 정도로 고쳐진다. 그날도 간단히 컴퓨터 설정을 바꾼 정도였는데, 그것 하나 해 드렸다고, 꿀을 한 병 내어 주셨다. 아이고, 이렇게 고마울 데가. 그런데, 이 집이 벌도 치고 있었네. 소 키우는 일에, 감나무 밭도 있고, 갖가지 농사에, 일 있을 때는 온갖 연장을 챙겨서 공사장에도 다니시는데, 벌통은 대체 어디에 놓고, 언제 돌봐 가며 치시는 것인지.

농사일 많기로는 마을 누구한테도 뒤지지 않는 윗논 어르신도 인사로 토종꿀을 한 병 주신 적이 있다. 아이들하고 학교에 걸어가는 길 사이에는 집 앞에 작은 벌통 하나를 놓고 있는 집도 있다. 작은 것으로 한 통이니 정말 식구들 먹을 것 하느라고 놓은 벌통이겠지.

우리나라도 양봉을 많이 하는 나라라고 한다. 온 나라 어디나 벌통이 빽빽하다고. 그만큼 벌들이 살기에 좋은 나라라는 뜻일 것이다. 여기 내려온 지 얼마 안 되어서 우리나라 여기저기에서 벌들이 갑자기 많이 죽은 해가 있었다. 기후변화 때문에 벌이 줄고 있다고는 했지만, 그게 유난히 심한 해였다. 그 일을 겪으면서, 그리고 집집이 조금씩이라도 벌 치는 농가가 적지 않다는 걸 알게 된 다음, 꿀벌 책을 내는 게 어떨까 하는 생각이 들었다. 벌 치는 사람도 찾아가 보고, 다른 나라에서 나온 책도 찾고 그랬는데, 그러다가 일본에서 나온 책을 하나 발견했다. 시골 학교에 다니는 고등학생들이 동아리 활동을 하면서 꿀벌을 치며 벌어지는 이야기였다.

여기 하동에서 아쉬운 것이 무엇이냐고 한다면, 그 중에 손에 꼽을 것 하나가 20대 젊은 사람을 보기가 너무나 어렵다는 것이다. 시골은 이미 사람이 너무 적지만, 그중에서도 20대 청년이라는 것은 거의 진공 상태에 가깝다. 그래도 초등학생은 조금 있는데, 중학교 고등학교를 지나는 사이 하나씩 둘씩 줄어든다. 그나마 여기서 고등학교까지 다니는 학생도 적은데, 입시 철이면 고등학교 앞에는 늘 이제는 돌아오지 않게 될 이름들, 그러니까 대도시 명문 학교로 가는 학생들의 이름만 나부낀다. 지자체에서 청소년 교육 예산이라고 쓰는 돈도 이렇게 외지로 나가서는 돌아오지 않을 사람들한테 집중적으로 쓰인다.

일본의 시골도 비슷하다. 도시로 더 큰 도시로 나간다. 책 끝부분에 이런 식으로 말하는 학생이 있다. 우리 학교는 조용하고 소극적인 학생들이 오는 학교, 중학교 때 수업을 제대로 따라가지 못했던 학생들도 오는 학교라고. 처음에는 나도 그런 아이들 가운데 한 명이었다고, 그러던 자신이 바뀌었다, 라고 했다. 바뀌는 일이 간단치는 않았지만, 어떤 고비가 있을 때마다 벌통 앞에 쪼그리고 앉아 벌을 봤다고. 이 책에 나오는 양봉부 아이들은 고등학교 시절 내내 꿀벌 치는 일에 빠져 산다. 졸업한 아이들은 저마다 자기 길을 찾아가지만, 보면서 좋았

시골에서 20대
은 거의 진공
어린 아이들은
교를 지나는 시
줄어든다.

던 것은, 다들 자기가 살던 곳에서
너무 멀리 가지는 않았다는 것이다.

일본에서도 고등학교 양봉부라
는 것은 흔치 않아서 사람들 사이
에 이야깃거리가 되고, 책으로도 나
왔다. 그 책을 《꿀벌과 시작한 열일
곱》이라는 제목으로 펴냈다. 책을
내고 나서야 평창의 한 중학교에도
양봉 동아리가 있다는 걸 알았다.
중학교 고등학교를 다니면서, 아이
들이 자기가 태어나 자란 땅과 그곳
에서 일하고 사는 사람들을 깊게 바
라보고, 같이 일할 수 있게 된다면
얼마나 좋을까. 체험이니 뭐니 하면
서, 이름만 알고 건너뛰는 (그래서
오히려 독이 되는 그런) 것 말고.

꿀벌 책을 준비하면서 우리도 밭
한 자리에 벌통을 하나 놓을까 하는
욕심이 생겼다. 그러다가 알게 된

청년이라는 것
상태에 가깝다.
중학교 고등학
이 하나둘 더

것이 '플로우하이브Flowhive'라는 벌통. 호주에서 벌을 치는 사람들이 만든 것인데, 보통은 벌통의 꿀을 따려면 벌들을 쫓아내 가면서 벌집을 들어내야 한다. 이 과정이 벌한테도 무척 힘들고, 사람한테도 어렵다. 그런데 플로우하이브는 벌집을 만들 때, 닫힌 육각형의 틀을 서로 어긋나게 해서 열린 구조가 될 수 있도록 했다. 평소에는 닫힌 벌집 모양이었다가, 꿀을 딸 때만 살짝 구조를 바꾼다. 그러면 벌집은 길고 꼬불꼬불한 열린 길이 되어서 그 사이로 꿀이 흘러내린다. 꿀을 받는 데 시간이 조금 걸리지만, 사람이 내내 붙어 있어야 하는 것은 아니다. 하지만 이 벌통을 우리나라에서 써 본 사람 말로는 겨울을 나기 어려워서 추천하기 어렵겠다고 했다.

　도시에서도 벌을 치는 사람들이 있다. '도시양봉'이라는 말로 찾아 보면, 처음 양봉을 하는 사람도 어렵지 않게 벌을 칠 수 있도록 돕거나, 함께 모여서 벌을 치거나 하는 곳을 쉽게 찾을 수 있다. 물론 도시 한복판에서 벌을 많이 치는 것은 간단치 않다. 벌똥도 문제고, 그렇지만, 꿀을 딸 꽃이 있어야 얼마나 있겠나 싶은 대도시 한복판에 벌통을 놓아도, 꿀벌들은 벌집 칸칸이 꿀을 채운다. 조금 더 여유가 있다면, 도시 가까이에서 벌을 치는 사람 가운데 벌통을 하나씩 분양해 주고, 양봉을 가르쳐 주는 사람도 제법 있다. 주말 농장 비슷한 주말 양봉인 셈이다.

벌 치는 사람한테서 꿀벌 이야기를 들으면, 그 사람들 말하는 모양새가 다들 한결같다. 고양이나 강아지 키우는 사람들 같다. 벌이 귀엽고 대견했다가, 안쓰럽기도 하고, 한시라도 더울까, 추울까, 배 고프지 않을까, 누가 쳐들어오는 건 아닌가 하는 이야기에 저마다 열심이다. 벌통을 들이는 것도, 마음에 새기고 있으니 언젠가는 하게 되겠지. 벌통 앞에 줄줄이 서서 집 안으로 시원한 바람 들이던 벌들이 생각난다.

장점_ 다양한 연장을 빌릴 수 있다.

이용하는 법_ 사는 곳 농업기술센터에 물어본다.
도시에도 비슷한 기관이 있다.

연장 빌려 쓰기

이제 며칠 지나지 않아, 입춘이고 설날이다. 집집마다 자식 식구들 우루루 다녀가고 나면, 며칠 시끌벅적했던 뒤라 시골 마을은 더없이 조용한 겨울날을 보낼 것이다. 그러다가 정월 보름을 앞두고는 이 집 저 집서 움직이는 기척이 나고, 보름날, 마을마다 달집을 태우면서 한 자리 모여서는 뜨끈한 국물 한 그릇씩을 나눠 먹는다. 설날이니 추석이니 하는 것이 멀리 나간 식구들이 집에 한 번 들려서 얼굴 보고 가는, 그렇게 피붙이들이 모이는 날이라면, 대보름은 한 해 동안 함께 일하고 부대끼고 이웃으로 지내는 마을 사람들이 모이는 가장 큰 명절 같은 것이다. 모여서 둥근 달 한번 치어다보고, 그렇게 해서야 비소로 한 해가 시작된다.

대보름이 지나면 한 해 농사도 시작된다. 한 해 농사 일 하는 것에 얼추 맞춰서 연장 이야기를 적으려고 달마다 무엇을 쓸지 고르다가, 연장 빌려 쓰는 이야기, 궁금한 연장 알아보는 이야기도 한 번 하는 게 좋겠다 싶었다. 얼치기 농사꾼 연장 이야기는 그저 이럴 수도 있구나 싶은 정도로나 읽어야 하는 것이니까.

"전광진 씨. 바쁘지요? 내 바쁜 거 다 아는데, 오늘은 다 치우고 고마 오소. 꼭 오소." 시골에 내려온 지 이태쯤 되었을 무렵이었다. 아침 8시가 채 되지 않은 시간, 이런 전화를 받은 적이 있다. 농업기술센터 공무원으로부터 온 전화. 벼 직파 재배 시연을 하니 꼭 와서 보라는 거였다. 그날, 아이와 함께 시연회에 나가서 새로운 기계로 새로운 농법을 직접 시연하는 것을 지켜보았다. 시연을 한 다음에는 새 기계와 농법에 대해서 묻고 답하는 시간이 있었는데, 늘 사람 좋은 웃음만 웃던 농사꾼 아저씨들이 농사일에 대해서만큼은 얼마나 날카롭고, 핵심만 콕콕 찔러 이야기하는지 그런 것도 놀라워하면서 지켜봤다. 그날 본 직파 농법은 아직 시도할 엄두도 못 내고 있다. 하지만, 아침 일찍 걸려 온 전화는 지금도 또렷하다. 기술센터의 공무원은 내가 유기농 농사에 관심 있어 한다는 걸 기억해 두었다가, 일부러 나한테까지 전화를 했던 것.

귀농하고 시골로 이사를 온 다음, 관청에 드나들 일이 정말 많았다. 서른몇 해 동안 서울에서 관공서에 갔던 모든 횟수보다 이사하고 한 달 사이 하동의 관공서에 간 횟수가 더 많았을 것이다. 면사무소와 군청과 농업기술센터와 보건소와 농품원 같은 곳들. 이 가운데 농업기술센터는 한번 가기만 하면, 한 시간 가까이 이야기를 하고 나올 때가 적지 않았다. 귀농하는 사람이 무슨 일을 할지, 할 수 있는지 도와주는 일을 담당하는 곳이어서 그랬겠지만, 일하는 사람들 모두가 타고나기를 '복지부동' 같은 말 따위 어울리지 않았다. 농사를 조금씩 지으면서 지내는 동안에도 몇 번이나 농업기술센터에서 큰 도움을 받았다.

벼농사가 서툴러서 모를 제대로 기르지 못했던 해에도 기술센터 덕분에 무사히 모내기를 할 수 있었고, 마을에 정미소가 사라졌을 때, 적당한 정미소를 알려 준 것도 기술센터였다. 도움을 받을 때마다 늘 신기한 느낌이었던 것은 여기 직원들만큼은 자기 일에 대해서 잘 알고, 일이 되게끔 하는 데에 최선을 다한다는 것. 절차와 자기 책임을 무척이나 강조하는 여느 공무원들과는 정말 다르다. 적어도 나는 어려운 문제를 안고 농업기술센터를 찾아갔을 때, 화딱지가 나서 돌아오는 일은 없었다. 심지어 몇 가지 작물 농사 때문에 다른 지역의 기술센터에 전화를 했을 때도 마찬가지. 농업기술센터는 답을 말해 주거나, 혹은 그러지 못할 때는 적어도 누가 답을 쥐고 있는지 정도는 안다. 그런 사람들이 모여 있다.

농업기술센터는 지역마다 있고, 여기에서 운영하는 기관으로 농기계임대사업소가 있다. 거의 어디나 있다. 파주에도 있고, 고양, 용인 같은 수도권에도 있다. 여기에서 빌려 쓸 수 있는 농기계와 연장이 적지 않다. 기계와 연장도 있을 뿐더러, 그것을 잘 쓸 줄 아는 공무원도 있다. 내 경험 안에서는 친절하고 내 일처럼 애쓰는 사람들인 공무원. 이 책에서 다루는 연장 가운데에도 몇 가지는 농기계임대사업소에서 빌릴 수 있는 것이다.

씨앗 파종기 같은 것은 거의 모든 임대사업소에 있는데, 조금만 밭이 넓어도 요긴하게 쓰인다. 구조도 단순하고 손으로 밀고 걸어가면서 쓰는 것이라 사용하는 것도 간단해서 누구나 쉽게 쓸 수 있다. 수도권에 있는 몇몇 사업소에서는 초소형 경운기도 빌릴 수 있다. 자가용에도 싣고 다닐 수 있는 크기여서, 괭이질로는 다 갈기 어려운 크기의 밭이라면 꼭 한 번 써 볼 만하다. 가지를 쳐야 할 나무가 여러 그루라면 전동 가위 같은 것도 쓸 수 있을 테고.

사업소마다 마련한 기계가 조금씩 달라서 없을 수도 있지만, 비싼 농기계를 사지 않더라도 빌려 쓸 수 있으니, 살고 있는 곳 임대사업소에 무슨 기계가 있는지는 한번 훑어 봐야 한다. 물론 농기계를 빌리려면 농업인이어야 하고, 농업인보험도 들어야 하지만.

시골 살림을 시작하고, 평생 처음 하는 일이 많았다. 낡은 시골집을 사서 고치고, 거기서 아이가 태어나고, 논을 사서 농사를 짓고, 다방면으로다가 생짜 초보인 삶. 지금도 어느 쪽으로든 잘한다고 하기는 어려운데, 어디에 뭐가 있는지 정도는 알게 되었다. 그렇게 될 때까지 마을 사람들, 같이 일하는 사람들한테 배우는 것이 가장 컸다. 그 다음이 인터넷을 뒤지는 것이고, 인터넷 사이트 몇 개는 농사짓는 법이든, 연장이든 중요한 자료가 많아서 때마다 한 번씩 들러서 글을 보게 된다. 기술센터는 그에 견주면 어쩌다

가끔인 셈이지만, 처음에 내려와 얼개를 짤 때에도, 몇몇 중요한 고비를 넘길 때에도 큰 도움이 되었다. 농사든 연장이든 시작하는 형편이고, 마땅히 맘 편히 물어볼 만한 이웃이 없을수록, 농업기술센터 사람들은 붙잡고 물어보기에 좋을 것이다. 기술센터의 공무원이라 관행농만을 기준으로 이야기할 것 같지만, 유기농으로 농사를 짓는 것에 대해서도 충분히 잘 알고 있고, 대도시나 인근의 농업기술센터는 도시 텃밭을 가꾸는 데 기술지원을 하거나, 주말농장을 할 수 있도록 돕는 일도 한다.

가을일이 다 끝나고 나면, 매실 가지를 친다. 가지치기한 잔가지는 콩단 더미와 함께 톱밥처럼 부숴서 거름으로 쓰는데, 이 일을 하려고 임대사업소에서 잔가지파쇄기라는 기계를 빌려다 썼다. 몇 해 꼬박 삭혀야 거름으로 쓸 것들이 파쇄기 덕분에 좀 더 일찍 거름이 된다. 이제는 모내기하는 것도 기술센터의 이앙기를 빌려다가 직접 하려고 벼르고 있다.

더 소개하는 연장 _ 물 주는 연장
전동 가위
손톱 칼

덧붙이는 연장

'볕이 어찌 뜨거븐고 등더리를 뜯어묵을 거 겉네.'
햇볕 아래서 잠시 일하고 오는 할매, 옷도 몸도 축 늘어
진 채로 지나가며 한마디 하신다. 해가 지날수록 날씨
가 빠득빠득 이를 간다. 날씨와 기후 이야기에 온몸이
꽁꽁 묶여 있는 것 같다. 밀 농사를 지은 지 열다섯 해
만에 낫질을 해서 수확을 해야 했다. 지난 봄 날씨가 안
좋았기 때문이었는데, 겨울에 밀이나 보리를 간 농가들
은 수확을 포기한 집도 많았다. 우리 집은 논이 얼마 크
지 않아서 손으로 베기라도 했지만, 그렇다고는 해도
밀을 거둔 양은 평소보다 반의반도 되지 않았다.

날씨가 가늠하기 어려워지는 만큼 농사도 어렵다. 농사짓는 일을 새로이 시작하는 것은 더 어렵다. 그런 와중에도 새로운 농부에게 필요한 새로운 연장이 이어져 나온다. 몇 년 넘게 꾸준히 만들어지고 팔리는 연장도 있고, 새로 나왔다가 얼마 지나지 않아 구하기 어려워진 연장도 있다. 지금까지 적어 놓은 연장들이라는 게 거의 직접 써 본 연장 가운데 쓸 만하다 싶었던 것들인데, 몇 가지 간단하게라도 더 적어 두고 싶은 연장이 있다.

농사꾼은 물 떠 나르는 심부름꾼이라고도 한다. 농사일을 크게 다섯 가지로 나눈다면 땅을 일구고, 거름을 내고, 작물을 심어 가꾸고, 잡초를 매고, 그리고 물을 주는 일이 있다. 그렇게 하고 나면 거두고 갈무리를 한다. 이 가운데 물 주는 일이야말로 온갖 새로운 방법들을 찾아서 알리는 것을 쉽게 볼 수 있다. 페트 병을 잘라서 쓰는 방법부터 펌프를 달아서 온 밭에 관을 묻는 것까지, 돈과 시간과 일의 양이 이 끝에서 저 끝까지 있다. 논밭 규모에 따라, 쓸 수 있는 물이 얼마나 가까이에 있는가에 따라 여러 방법을 찾아야 한다.

나는 처음에 밭에서 물조리로 물을 퍼 나르는 것부터 시작했다. 때마다 시간 맞춰 가고, 물을 담아 나르고 하는 것만으로도 녹초가 되기 쉽다. 이 무렵에 '단비'라는 말이 무슨 말인지 알게 되었다. 농사일을 하면서 온전하게 그 의미를 깨닫게 된 비유들이 몇 가지 있다. '반타작', '북돋우다', '단비' 같은 말들. 이제는 때맞춰 단비가 내리면 저절로 마음 깊은 곳에서 고맙다는 말이 우러나온다. 물통을 들고 밭고랑을 오갔던 시간이 있었기 때문이겠지.

마당 한 켠 텃밭이라면 심어 놓은 작물 옆에 물통을 하나 거꾸로 꽂는 것만으로도 물 주는 일이 한결 나아진다. 수도가 가까이 있다면 수도꼭지에 간단하게 덧붙이는 타이머를 쓰는 것도 괜찮다. 하루에 한두 번이나 며칠에 한 번 하는 식으로 시간을 조절할 수 있다. 여기에 물이 방울방울 나오는 점적 호스나 스프링클러 같은 것을 몇 개 연결해 두면 작은 텃밭은 어렵지 않게 물을 줄 수 있다. 요즘은 스마트 농업이라고 많이들 하는데, 스마트 농업의 시작은 물을 자동으로 알맞게 주는 것이다. 물을 적당히 제때에 줄 수 있으면 그것만으로도 작물이 건강해진다.

밭에 수도가 없거나, 밭이 한두 마지기가 넘으면 물을 끌어오는 것부터가 일이다. 필요한 물도 제법 많다. 써야 하는 물을 줄이면 일도 준다. 그래서 요즘은 물을 적게 쓸 수 있게 하는 것으로 점적 호스나 자동 급수 물통 같은 것을 쓴다. 빗물을 모아서 담아 쓸 수 있는 물통도 나와 있다. 이런 물건들을 몇 가지 적당히 조합하면 어느 규모까지는 비싼 설비를 하지 않고도 물 주는 일을 자동화할 수 있다.

우리 밭에는 창고 지붕으로 내리는 빗물을 모으는 통이 있다. 여기에 점적 호스를 연결해 두고, 필요할 때마다 적당히 호스를 깔았다가 걷었다가 하면서 쓴다. 작은 펌프도 마련해서 조금 멀리 있는 나무에 물을 줄 때는 펌프로 준다. 제때 물을 주면 단비만큼은 아니어도 작물이 좋아하는 것이 눈에 보인다.

최근에 쓰기 시작한 작은 연장이 둘 있다. 전동가위와 손톱 칼. 충전식 전동가위는 최근에 새로 나온 물건이다. 몇 년 전만 해도 백만 원은 훌쩍 넘기는 비싼 물건이었는데, 서너 해 만에 값이 많이 내렸다. 이제는 이삼

십만 원이면 쓸 만한 것을 살 수 있다. 마당이나 밭에 나무가 몇 그루 있다면 마련해서 쓸 만하다. 밭에 과일나무 몇 그루가 있어서 장만했는데, 연장이 생기고 나니 다른 일을 할 때에도 요긴하게 쓰인다. 논밭에 난 잡목을 정리할 때에도 쓰고, 아궁이에 넣을 잔가지를 정리할 때도 쓴다.

흔히 쓰는 전동가위는 가윗날이 있고 아래쪽에 방아쇠 모양 스위치가 있다. 여기에는 거의 다 안전장치가 있다. 나뭇가지를 손으로 잡고 가위질을 하다 보면 손가락 가까이에서 가윗날이 움직인다. 방아쇠를 당기는 것은 언제든 실수로 눌릴 수 있기 때문에 자칫하다가는 손가락을 다친다. 그래서 전동가위가 나온지 얼마 되지 않았을 때는 손가락을

꼭 맞춤한 작은
련하면 그게 능
사람 몫을 해내
로 거들 수 있
에서 찾기 어려
빛을 발한다.

다쳤다는 소식이 심심찮게 들려왔
다. 안전장치는 맨손가락이 칼날에
닿으면 멈추는 방식이다. 그래서 방
아쇠를 쥔 손과 다른 손이 모두 맨손
이어야 한다. 아주 약한 전류를 감
지해서 멈춘다. 한데 맨손으로 작업
하는 게 불편하니까 장갑을 끼고 하
다가 큰 사고가 난다.

나무를 자를 일이 많지 않으면
방아쇠 모양으로 생긴 전동가위 말
고 보통의 전지가위처럼 생긴 전동
가위를 쓰는 것도 나쁘지 않다. 이
것은 전기자전거가 페달을 밟으면
힘을 보태 주는 것처럼 작동해서 방
아쇠를 잘못 누르는 실수는 하지 않
는다. 다만 이것은 힘이 약해서 많
은 일을 하거나 굵은 가지를 자르기
는 어렵다.

손톱 칼이라고 하는 도구도 있

연장을 하나 마
숙한 일꾼 한
기도 한다. 서
는 일손을 마을
우니 연장이 더

다. 이것도 자르는 데 쓴다. 손톱 끝으로 할 일을 거든다. 손가락에 골무처럼 끼운다. 손톱이 있는 자리에 손톱 모양으로 작은 칼날을 달았다. 하나에 천 원도 하지 않는 것이라 여러 개를 쟁여 두고 쓴다. 이걸 손가락에 끼우고 나물을 한다. 취나물이나 고사리를 꺾을 때, 찻잎을 딸 때 이걸 쓰면 쉽게 잘린다. 잎 따는 것이 능숙하지 않은 나는 이걸 쓰면 제법 능률이 오른다. 좋은 연장을 발견한 것 같아서 이웃에 주었더니, 이미 일이 손에 익은 사람은 조금 쓰다가 번거롭다면서 쓰지 않고 있다. 이걸로 감자 껍질이나 토란 줄기를 벗기는 사람도 있다는데, 장갑처럼 값이 싼 것이라 한 번쯤 적당한 쓰임새가 있나 써 볼 만하지 싶다.

꼭 맞춤한 작은 연장을 하나 마련하면 그게 능숙한 일꾼 한 사람 몫을 해내기도 한다. 서로 거들 수 있는 일손을 마을에서 찾기 어려우니 연장이 더 빛을 발한다. 농사에 어려운 일이 있다면, 그 어려움은 누구나 비슷하게 겪는 것이어서 연장 만드는 재주가 있는 누군가가 어려움을 더는 도구를 만들었을지 모른다.

농사 연장을 일하는 갈래에 맞춰서 한 눈에 볼 수 있

게끔 정리해 두면 좋겠다 싶기도 했는데, 그렇게까지는 하지 못했다. 인터넷에서도 농사 연장을 한 눈에 볼 수 있게 정리한 곳은 보기 어렵다. 아무래도 물건에 대한 정보이니만큼 인터넷에서 쉽게 볼 수 있는 페이지를 마련해 두려고 한다. 더 새로운 정보가 있으면 아래 출판사 링크에서 찾아볼 수 있도록 할 테니 조금이라도 더 도움이 되면 좋겠다. www.ssambook.net

가볍게 01

농사 연장
작은 농사와 시골 살림에 쓰이는 연장 이야기

글 전광진
그림 김종현

초판 1쇄 펴냄 2024년 11월 11일

편집 서혜영, 전광진
인쇄 제책 상지사 P&B
도서 주문·영업 대행 책의 미래 전화 02-332-0815 | 팩스 02-6003-1958

펴낸 곳 상추쌈 출판사 | **펴낸이** 전광진
출판 등록 2009년 10월 8일 제 544-2009-2호
주소 경남 하동군 악양면 부계1길 8 우편 번호 52305
전화 055-882-2008 | **전자 우편** ssam@ssambook.net
누리집 ssambook.net

이 도서는 2023 경남 지역서점 및 출판문화 활성화 지원사업에
선정되어 발간되었습니다.

ISBN 979-11-90026-12-3 03520